Craft Engineering Data Book

Craft Engineering Data Book

by

H. L. Burrows, C.Eng., M.I.Mech.E.

Design Engineer, Lecturer, Consultant

D. J. Hancox, B.Sc., F.I.M.A.

Head of Department of Mathematics, Coventry Technical College

Stanley Thornes (Publishers) Ltd.

© H. L. Burrows and D. J. Hancox

All rights reserved. No part of this publication may be reproduced, stored in a retrieval system, or transmitted in any form or by any means, electronic, mechanical, photocopying, recording, or otherwise, without the prior written consent of the copyright holder.

ISBN 0 85950 041 1

First published in 1978 by Stanley Thornes (Publishers) Ltd
Educa House, 32 Malmesbury Road,
Kingsditch Trading Estate, CHELTENHAM GL51 9PL

Text set in 9/10 pt IBM Century, printed by photolithography, and bound in Great Britain at The Pitman Press, Bath.

Contents

Basic Rules of Arithmetic	1–21
Logarithms, Antilogarithms, Ratios and Proportions	22–25
Percentages, Interest and Depreciation, Salaries and Wages	26–30
Radians	31
Areas: Plane, Volume and Surface	32–33
Trigonometry, The Circle, Chords and Pythagoras' Theorems	34–39
Workshop Problem, Co-ordinate Dimensioning, Machining, Setting-out Problem	40–42
Multiples of π, Lengths of Chords, Areas of Circles	43–45
Slip and Angle Gauges	46–49
Taper Calculations	50–56
Lathe Work, Milling, Drilling, Grinding	57–67
Standard Symbols, Conversion Factors	68–74
Machine Formulae	75–77
Tolerances, Limits and Fits	78–83
Abbreviations for Units	83
Cutting Speeds and Feeds	84–87
Screw Threads	88–94
Twist Drill Sizes, Speeds and Feeds, Tapping and Clearance	95–105
Taper Tables, Imperial Wire Gauge	106–108
Properties of Materials	109–122
Mathematical Tables	123–149
Index	150–151
Quick Reference: Imperial/Metric Conversion Table Everyday Units	152 152

Preface

This book of mathematical calculations, data and formulae is intended for the engineering craftsman. Most books are written for the craft apprentice to be used while he is training. This book is intended for use as a continual reference for the engineering craftsman as well as a useful guide for the craft apprentice.

The first part of the book contains calculations, tables and a clear guide to arithmetical calculations. This is followed by workshop examples where the mathematics is applied and full details of all the calculations clearly set out. The middle of the book contains reference data to cutting speeds, drill sizes, screw threads etc., and a full collection of mathematical tables is included at the end of the book.

The book is a pocket book for quick reference and is not intended for detailed work. British Standards and manufacturers hand books should be consulted when more detail is required. It is also a practical book and hence both metric and imperial units have been included.

The book has been designed for the craft engineer but it should be of particular value to supplement purpose designed textbooks for the various City and Guild Craft Courses. It will also be useful to schools for their craft courses and as a source of actual practical craft engineering problems that can be used in mathematics classes.

We hope that the information and data is correct, but must take full responsibility for any errors or omissions.

H. L. Burrows
D. J. Hancox

Basic Rules of Arithmetic

Addition + or the word *add*.

Subtraction − or the word *subtract* (take away).

Multiplication x or the word *of*, or the word *multiply* (times) or by the use of brackets, or by the use of the multiplication dot.

Division ÷ or by the word *divide* (goes into), or by the use of the line between two numbers as in a fraction.

Equality denoted by = sign, means equal to or the same as.

Example

Addition   8+4 = 12   or   8 add 4 equals 12.

Subtraction   16−5 = 11   or   16 take away 5 equals 11 or subtract 5 from 16 and the answer is 11.

Multiplication   8x4 = 32   or   8 · 4 = 32   or   (8)(4) = 32   or   8(4) = 32   or   8 times 4 equals 32.

Division   16÷4 = 4   or   16/4 = 4   or $\frac{16}{4} = 4$

or 4 goes into 16 four times or 16 divided by 4 equals 4.

With mixed arithmetic the calculations must always be done in the following order:

Brackets, Of, Multiplication, Division, Addition, Subtraction.

Since brackets are always worked out first, when setting out a calculation always use brackets to separate the different parts of the calculation. Brackets used properly and freely will often avoid many mistakes in arithmetic calculations.

Example

$2 \times 3 + 7 - 2 + 4 - 3(5-2) + 6 \div 3 - \frac{1}{4}$ of 16

Work out brackets	$2 \times 3 + 7 - 2 + 4 - 3 \times 3 + 6 \div 3 - \frac{1}{4}$ of 16
Work out *of*	$2 \times 3 + 7 - 2 + 4 - 3 \times 3 + 6 \div 3 - 4$
Work out multiplication	$6 + 7 - 2 + 4 - 9 + 6 \div 3 - 4$
Work out division	$6 + 7 - 2 + 4 - 9 + 2 - 4$
Work out addition	$6 + 7 + 4 + 2 - 2 - 9 - 4$
	$19 - 2 - 9 - 4$
Work out subtraction	$19 - 15 = 4$

Note: If units are given to all quantities, and brackets are used freely, the above type of calculation will never occur.

Addition and Subtraction Table

0	1	2	3	4	5	6	7	8	9	10	11	12	13	14	15	16	17	18	19	20
1	2	3	4	5	6	7	8	9	10	11	12	13	14	15	16	17	18	19	20	21
2	3	4	5	6	7	8	9	10	11	12	13	14	15	16	17	18	19	20	21	22
3	4	5	6	7	8	9	10	11	12	13	14	15	16	17	18	19	20	21	22	23
4	5	6	7	8	9	10	11	12	13	14	15	16	17	18	19	20	21	22	23	24
5	6	7	8	9	10	11	12	13	14	15	16	17	18	19	20	21	22	23	24	25
6	7	8	9	10	11	12	13	14	15	16	17	18	19	20	21	22	23	24	25	26
7	8	9	10	11	12	13	14	15	16	17	18	19	20	21	22	23	24	25	26	27
8	9	10	11	12	13	14	15	16	17	18	19	20	21	22	23	24	25	26	27	28
9	10	11	12	13	14	15	16	17	18	19	20	21	22	23	24	25	26	27	28	29
10	11	12	13	14	15	16	17	18	19	20	21	22	23	24	25	26	27	28	29	30
11	12	13	14	15	16	17	18	19	20	21	22	23	24	25	26	27	28	29	30	31
12	13	14	15	16	17	18	19	20	21	22	23	24	25	26	27	28	29	30	31	32
13	14	15	16	17	18	19	20	21	22	23	24	25	26	27	28	29	30	31	32	33
14	15	16	17	18	19	20	21	22	23	24	25	26	27	28	29	30	31	32	33	34
15	16	17	18	19	20	21	22	23	24	25	26	27	28	29	30	31	32	33	34	35
16	17	18	19	20	21	22	23	24	25	26	27	28	29	30	21	32	33	34	35	36
17	18	19	20	21	22	23	24	25	26	27	28	29	30	31	32	33	34	35	36	37
18	19	20	21	22	23	24	25	26	27	28	29	30	31	32	33	34	35	36	37	38
19	20	21	22	23	24	25	26	27	28	29	30	31	32	33	34	35	36	37	38	39
20	21	22	23	24	25	26	27	28	29	30	31	32	33	34	35	36	37	38	39	40

The lines of numbers across are rows, the lines down are columns.

Example

1)   Addition   9+15

The answer is the number which is in row 9 and in column 15. The number is 24

   Hence   9 + 15 = 24

2)   Subtraction   31−13

Place a straight edge along row 13. Find the number 31 in this row. 31 is in column 18. 18 is the answer:

$$31-13 = 18$$

3) Addition 3 951+4 689+3 568

The table can be used for the addition of larger numbers. First add the 3 951 to the 4 689. Then add the answer 8 640 to the third number 3 568. This gives the answer 12 208

The table is used to find 1+9, 5+8, 9+6, 3+4, etc.

```
3 951      8 640
4 689+     3 568+
  10           8
  13          10
  15          11
   7          11
8 640      12 208
```

$$3\,591 + 4\,689 + 3\,568 = 12\,208$$

Exercise

1) 12+19   (31)   2) 7+15   (22)   3) 34−19   (15)
4) 23−7   (16)   5) 3 917+185+7 182   (11 284)
6) 4 137+1 926−3 822   (2 241)

Addition of Whole Numbers

The number system is based on the scale of ten.

1111 represents 1 thousand+1 hundred+1 ten+1 unit

| 1111 | = | 1 000 | +100 | +10 | +1 |
| 506 | = | 500 | +00 | | +6 |

Thousands	Hundreds	Tens	Units
6	8	5	4

this is written 6 854

Examples

1) 17+8

```
17
 8+
---
25
```

7+8 = 15   write down the 5 under the 8 and write the 1 at the top of the next column on the left (tens column).
1+1 = 2   write down the 2.

$$17+8 = 25$$

Always write the numbers to be added underneath each other keeping the right hand numbers (units) under each other.

2) 176+285

```
 1 1
176
285+
---
461
```

176+285 = 461

3) 3 847+8 275

```
1 1 1 1
 3 847
 8 275+
------
12 122
```

3 847+8 275 = 12 122

4) 7 856+912+81+ 5 726+85
Always add numbers *up*

$$5+6+1+2+6 = 20$$

Check by adding numbers *down*

$$6+2+1+6+5 = 20$$

```
  2 2 2
 7 856
   912
    81
 5 726
    85+
------
14 660
```

$$7\,856+912+81+5\,726+85 = 14\,660$$

Exercise

1) 37+85 (122)
2) 3 754+896 (4 650)
3) 5 784+765+91+ 8 472+613 (15 725)
4) 1 574+975+8+1 200+7 631 (11 388)

Subtraction of Whole Numbers

```
875
641−
---
234
```

$5-1 = 4$
$7-4 = 3$
$8-6 = 2$

In general subtraction can be done in one of two ways.

Method 1 The Borrow Method

```
8 7 2
4 9 5−
```
2−5. Since 2 is less than 5 borrow 1 from the 7 in the tens column to make the 2 up to 12.

```
   6 12
8 7 2
4 9 5−
------
      7
```
The 7 in the tens column then becomes 6

$$12-5 = 7$$

6−9. Since 6 is less than 9 borrow 1 from the 8 in the hundreds column to make the 6 up to 16.

```
7 16 12
8 7 2
4 9 5−
------
3 7 7
```
The 8 in the hundreds column then becomes 7.

$$16-9 = 7$$
$$7-4 = 3$$
$$872-495 = 377$$

Method 2 Equal Addition Method

```
8 7 2
4 9 5−
```
2−5. Since 2 is less than 5 borrow 1 from the tens column to make the 2 up to 12. Pay this back by adding 1 to the 9 in the tens column.

```
    12
8 7 2
4 9 5
  10
------
      7
```

$$12-5 = 7$$

7−10. Since 7 is less than 10 borrow 1 from the hundreds column to make the 7 up to 17. Pay this back by adding 1 to the 4 in the hundreds column.

```
  17 12
8 7 2
5 10
4 9 5−
------
3 7 7
```

$$17-10 = 7$$
$$8-5 = 3$$
$$872 - 495 = 377$$

Always check subtractions by adding the answer to the number being subtracted.

Example

1) Method 1

    $\overset{15}{\overset{615}{765}}$
    4 8 7 −
    —————
    2 7 8

    Check

    $\overset{11}{487}$
    2 7 8 +
    —————
    7 6 5

    Method 2

    $\overset{1615}{765}$
    $\overset{59}{487}$ −
    —————
    2 7 8

    $765 - 487 = 278$

2) $\overset{19910}{2000}$
    8 5 9 −
    —————
    1 1 4 1

    $\overset{111}{859}$
    1 1 4 1 +
    —————
    2 0 0 0

    $\overset{101010}{2000}$
    $\overset{196}{859}$ −
    —————
    1 1 4 1

    $2\,000 - 859 = 1\,141$

Exercise

1) 184−96   (88)
2) 9 875−7 968   (1 907)
3) 3 001−1 822   (1 179)
4) 187−65+229−37   (314)

Multiples and Submultiples

Multiplying factor	Prefix	Symbol	Multiplying factor	Prefix	Symbol
10^{12}	tera	T	10^{-6}	micro	μ
10^{9}	giga	G	10^{-9}	nano	n
10^{6}	mega	M	10^{-12}	pico	p
10^{3}	kilo	k	10^{-15}	femto	f
10^{-3}	milli	m	10^{-18}	atto	a

Greek Alphabet

$A\ \alpha$ alpha	$E\ \epsilon$ epsilon	$I\ \iota$ iota	$N\ \nu$ nu	$P\ \rho$ rho	$\Phi\ \phi$ phi
$B\ \beta$ beta	$Z\ \zeta$ zeta	$K\ \kappa$ kappa	$\Xi\ \xi$ xi	$\Sigma\ \sigma$ sigma	$X\ \chi$ chi
$\Gamma\ \gamma$ gamma	$H\ \eta$ eta	$\Lambda\ \lambda$ lambda	$O\ o$ omicron	$T\ \tau$ tau	$\Psi\ \psi$ psi
$\Delta\ \delta$ delta	$\Theta\ \theta$ theta	$M\ \mu$ mu	$\Pi\ \pi$ pi	$\Upsilon\ \upsilon$ upsilon	$\Omega\ \omega$ omega

Multiplication and Division Table

	2	3	4	5	6	7	8	9	10	11	12	13	14	15	16	17	18	19	20
1	2	3	4	5	6	7	8	9	10	11	12	13	14	15	16	17	18	19	20
2	4	6	8	10	12	14	16	18	20	22	24	26	28	30	32	34	36	38	40
3	6	9	12	15	18	21	24	27	30	33	36	39	42	45	48	51	54	57	60
4	8	12	16	20	24	28	32	36	40	44	48	52	56	60	64	68	72	76	80
5	10	15	20	25	30	35	40	45	50	55	60	65	70	75	80	85	90	95	100
6	12	18	24	30	36	42	48	54	60	66	72	78	84	90	96	102	108	114	120
7	14	21	28	35	42	49	56	63	70	77	84	91	98	105	112	119	126	133	140
8	16	24	32	40	48	56	64	72	80	88	96	104	112	120	128	136	144	152	160
9	18	27	36	45	54	63	72	81	90	99	108	117	126	135	144	153	162	171	180
10	20	30	40	50	60	70	80	90	100	110	120	130	140	150	160	170	180	190	200
11	22	33	44	55	66	77	88	99	110	121	132	143	154	165	176	187	198	209	220
12	24	36	48	60	72	84	96	108	120	132	144	156	168	180	192	204	216	228	240
13	26	39	52	65	78	91	104	117	130	143	156	169	182	195	208	221	234	247	260
14	28	42	56	70	84	98	112	126	140	154	168	182	196	210	224	238	252	266	280
15	30	45	60	75	90	105	120	135	150	165	180	195	210	225	240	255	270	285	300
16	32	48	64	80	96	112	128	144	160	176	192	208	224	240	256	272	288	304	320
17	34	51	68	85	102	119	136	153	170	187	204	221	238	255	272	289	306	323	340
18	36	54	72	90	108	126	144	162	180	198	216	234	252	270	288	306	324	342	360
19	38	57	76	95	114	133	152	171	190	209	228	247	266	285	304	323	342	361	380
20	40	60	80	100	120	140	160	180	200	220	240	260	280	300	320	340	360	380	400

The lines of numbers across are rows, the lines down are columns.

Example

1) Multiplication 13x17

The answer is the number which is in row 13 and in column 17. This number is 221.

Hence   13x17 = 221

2) Multiplication 382x18

This is:

$\quad$ (300x18)+(80x18)+(2+18)
= (100x3x18)+(10x8x18)+(2x18)
$\quad$ by using the table,
= (100x54)+(10x144)+36
= 5 400+1 440+36

```
5 400
1 440
  36 +
-----
6 876
```

3) Division   152÷8

Place a straight edge along row 8. Find the number 152 in this row. 152 is in column 19. 19 is the answer.
Hence   152÷8 = 19

4) Division   114÷13

Place a straight edge along row 13. Find the number nearest to 114 but less than 114 which is in row 13. 104 is in column 8. 8 is the answer with remainder 10   (114−104).
114÷13 = 8 with remainder 10. (Rounded off since 10 is more than half of 13   114÷13 ≈ 9).

Exercise
1)   192÷12   (16)   2)   165×14   (2 310)
3)   15×11   (165)   4)   210÷16   (13)

Multiplication of Whole Numbers

```
  783        9×3 = 27    write down 7 and carry 2.
    9×       9×8 = 72    add 2 makes 74, write down 4 carry 7
 ────        9×7 = 63    add 7 makes 70, write down 0 carry 7
 7 047
   7 2
```

For larger numbers long multiplication is used.

Method 1	Multiplying from the Left Hand Side
58	Write down 0 under the 2.
→32×	3×8 = 24 write down 4 underneath the 3; carry the 2.
1 740	3×5 = 15 add 2 makes 17.
116	Now multiply by 2.
1 856	2×8 = 16 write down 6 under 0 and carry 1.
	2×5 = 10 add 1 makes 11.
	Add 1 740 to 116 this gives the answer 1 856.

Method 2	Multiplying from the Right Hand Side
58	2×8 = 16 write down 6 under the 2 carry 1.
32× ←	2×5 = 10 add 1 makes 11.
116	Write down 0 under the 6. Multiply by 3.
1 740	3×8 = 24 write down 4 next to the 0 carry 2.
1 856	3×5 = 15 add 2 makes 17.
	Add the 116 to the 1 740 this gives the answer 1 856.

Example

Find the product of 421 and 185

```
           Method 1              Method 2
              421                    421
    →        185x                   185x ←
           ------                  ------
           42 100                   2 105
           33 680                  33 680
            2 105                  42 100
           ------                  ------
           77 885                  77 885
```

Exercise

1) 34×100   (3 400)   2) 9 529×12   (114 348)

3) 8 912×106 (944 672)   4) 25×7×8×5   (7 000)

Very large numbers or decimal numbers with a large number of digits are written with half spaces between every group of three digits marked out from the decimal point.

Examples

18 756   3 157 842   0.001 875   0.017 63   12 875.087 64

Division of Whole Numbers

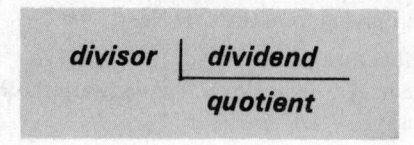

divisor	*dividend*
	quotient

Example

1) 36÷3

$$3\overline{)36}$$
$$12$$

3÷3 = 1
6÷3 = 2   36÷3 = 12

2) 19 758÷7

$$7\overline{)19\,758}$$
$$2\,822\ r\,4$$

7 into 19 goes 2   (2×7 = 14) write down 2 under the 9 carry the remainder 5 (19−14)

7 into 57 goes 8   (7×8 = 56)   write down 8 under the 7 carry the remainder 1   (57−56 = 1)

7 into 15 goes 2   (7×2 = 14)   write down 2 under the 5 carry the remainder 1   (15−14 = 1)

7 into 18 goes 2   (7×2 = 14)   write down 2 under the 8 carry the remainder 4   (18−14 = 4)

3) 78 562 ÷ 37

```
          2 1 2 3
    37 ) 78 562
         74
         ──
         45
         37
         ──
          86
          74
          ──
         122
         111
         ───
          11
```

Trial: When dividing by a large number a trial method is usually used.

37 into 78; 3 into 7 goes twice try 2.

37 into 45; 3 into 4 goes once, try 1.

37 into 86; 3 into 8 goes twice, try 2.

37 into 122; 3 into 12 goes 4 try 4. This is too large try 3.

Actual: 37 into 78 goes 2 (37×2 = 74). Write down 2 above the 8 and write down 74 under 78. 78−74 = 4. Bring down the 5 to make 45. 37 into 45 goes 1 (37×1 = 37). Write down 1 above the 5 and write down 37 under the 45. 45−37 = 8. Bring down the 6 to make 86. 37 into 86 goes 2 (37×2 = 74). Write down 2 above the 6 and 74 under the 86. 86−74 = 12. Bring down the 2 to make 122. 37 into 122 goes 3 (37×3 = 111). Write down 3 above the 2 and 111 under the 122. 122−111 = 11.

Rounding Off

The above examples are whole numbers, hence there is usually a remainder. In Example 2 the divisor is 7 and the remainder 4; 4 is greater than half of 7 ($3\frac{1}{2}$) and therefore if the answer is rounded off it becomes 2 823. 1 has been added to the last digit 2. Similarly in Example 3, 11 is less than half of 37 ($18\frac{1}{2}$) and therefore the answer rounded off is 2 123. No addition is made to the last digit 3. Further examples will be found, together with significant figures on page 17.

Exercise

1) 792 ÷ 9   (88)

2) 58 376 ÷ 7
    (8 339 *r* 3 : 8 339)

3) 88 914 ÷ 17
    (5 230 *r* 4 : 5 230)

4) 13 785 ÷ 43
    (320 *r* 25 : 321)

Addition of Decimals

The number 11.111 means:

$$11.111 = \underset{1\text{ ten}}{10} + \underset{1\text{ unit}}{1} + \underset{1\text{ tenth}}{0.1} + \underset{1\text{ hundredth}}{0.01} + \underset{1\text{ thousandth}}{0.001}$$

0.1 is $\frac{1}{10}$ and ten of these make a whole unit.

0.01 is $\frac{1}{100}$ and ten of these make $\frac{1}{10}$ or 0.1, and 100 of these make 1 whole unit.

0.001 is $\frac{1}{1000}$ and ten of these make $\frac{1}{100}$ or 0.01, and 100 make 0.1, and 1 000 make 1 whole unit.

$$56.891 = 50+6+0.8+0.09+0.001 \left(50+6+\frac{8}{10}+\frac{9}{100}+\frac{1}{1\,000}\right)$$

Example

The addition of decimals is the same as for the addition of whole numbers but the decimal points must be lined up under each other.

1)   89.765
       7.812
   193.476
       8.017+
   ───────
   299.070

2)   6.917
   0.086
  14.920
   8.752
  ───────
  30.675

Exercise

1)   69.875+19.914+18.762+714.812   (823.363)
2)   74.385+9.842+7.615+0.817   (92.659)
3)   17.6+18.9+107.6   (144.1)
4)   56.71+18.94+17.60+419.87   (513.12)

Subtraction of Decimals

Subtraction of decimals is the same as for whole numbers but the decimal points must be lined up under each other.

Example

Method 1	Check	Method 2
68.473	39.694	68.473
39.694	28.779	39.694
───────	───────	───────
28.779	68.473	28.779

$$68.473 - 39.694 = 28.779$$

Exercise

1)   36.894−27.976   (8.918)   2)   408.72−179.68   (229.04)
3)   31.475−28.584   (2.891)   4)   1 176.4−981.7   (194.7)

Multiplication of Decimals

When multiplying by 10 move the decimal point one place to the right. Similarly when multiplying by 100 move it 2 places, and multiplying by 1 000 move it 3 places.

Example

1)   17.62×10 = 176.2   96.856×100 = 9 685.6   7.851×1 000 = 7 851

2)   15.62
        7×
      ───
    109.34

When multiplying a decimal number by a whole number the answer will have the same number of digits to the right of the decimal point as the original decimal.

3) When multiplying a decimal number by a decimal number, multiply as if the numbers were whole numbers and place the decimal point afterwards. Count the total number of digits to the right of the decimal point in both numbers being multiplied together. The answer must have this total number of digits to the right of the decimal point.

	Method 1		Method 2
	176.84	(2 decimal places)	176.84
→	1.7×	(1 decimal place)	1.7× ←
	176 840		123 788
	123 788		176 840
	300.628	(3 decimal places)	300.628

Exercise

1)   186.84×1.3   (242.892)   2)   208.54×218.1   (45 482.574)

3)   75.684×0.87   (65.845 08)   4)   342.6×23.8   (8 153.88)

Division of Decimals

When dividing by 10 move the decimal point one place to the left. Similarly when dividing by 100 move it 2 places, and by 1 000 move it 3 places.

Example

1)   179.8÷10 = 17.98   385.9÷100 = 3.859   58.7÷1 000 = 0.0587

2)   785.84÷4

    4|785.84
      196.46

When dividing a decimal number by a whole number divide as for whole numbers, keeping the decimal point in the answer under the decimal point in the dividend.

When dividing a decimal by a decimal make the divisor a whole number first. This is done by multiplying both numbers by 10, 100, 1 000, etc. (that is move the decimal point to the right) until the divisor is a whole number.

3) 198.762÷3.12

```
            63.705
       ┌─────────
   312 │ 19 876.2
         18 72
         ─────
          1 156
            936
          ─────
          2 202
          2 184
          ─────
            1 800
            1 560
            ─────
              240
```

Multiply both numbers by 100 so that 3.12 becomes 312.
Place the decimal point above the decimal point in the dividend (number being divided into).

$$198.762 \div 3.12 = 63.705 \frac{240}{312}$$

Since $\frac{240}{312}$ is greater than a half, 1 is added to the 5.

Answer is 63.706 to 3 decimal places.

Exercise

1) 78.473÷5.27   (14.891)   2) 4.876÷1.72   (2.835)
3) 71.843÷147.1   (0.488)   4) 19.875÷36.5   (0.545)

The answers have been rounded off to 3 decimal places.

Addition of Fractions

$$\text{\textit{fraction}} = \frac{\text{\textit{numerator (top)}}}{\text{\textit{denominator (bottom)}}}$$

$\frac{1}{2}$ means 1 whole divided into 2 equal parts (1÷2).

This is the same quantity as:
   2 wholes divided into 4 equal parts or,
   3 wholes divided into 6 equal parts and can be written: $\frac{1}{2} = \frac{2}{4} = \frac{3}{6}$.

That is the fraction remains the same if the top and bottom numbers of the fraction are multiplied (or divided) by the same number. $\frac{4}{8} = \frac{4 \div 4}{8 \div 4} = \frac{1}{2}$

Similarly $\frac{1}{6} = \frac{3}{18} = \frac{6}{36}$, etc.

Now to add fractions they must all be changed to the same kind, that is the bottom number must be the same in each fraction.

Example

1) $\frac{1}{2} + \frac{1}{4} + \frac{3}{8} = \frac{4}{8} + \frac{2}{8} + \frac{3}{8} = \frac{9}{8} = 1\frac{1}{8}$

All of the fractions have been changed into eighths. The total is 9 eighths and since 8 eighths make 1 whole, 9 eighths make 1 whole and 1 eighth.

2) $\frac{5}{6} + \frac{2}{9} + \frac{5}{12} = \frac{30}{36} + \frac{8}{36} + \frac{15}{36} = \frac{53}{36} = 1\frac{17}{36}$

36 is used because it is the smallest number that 6, 9, and 12 will divide into without a remainder. Then:

$\frac{5 \times 6}{6 \times 6} = \frac{30}{36}, \frac{2 \times 4}{9 \times 4} = \frac{8}{36}$ and $\frac{5 \times 3}{12 \times 3} = \frac{15}{36}$

3) $\frac{2}{7} + \frac{3}{14} + \frac{5}{8} = \frac{16}{56} + \frac{12}{56} + \frac{35}{56} = \frac{63}{56} = 1\frac{7}{56}$

but $\frac{7}{56} = \frac{7 \div 7}{56 \div 7} = \frac{1}{8}$ and hence the answer is $1\frac{1}{8}$.

Exercise

1) $\frac{1}{4} + \frac{1}{8} + \frac{1}{2}$ $(\frac{7}{8})$ 2) $\frac{2}{3} + \frac{1}{9} + \frac{5}{12}$ $(1\frac{7}{36})$ 3) $\frac{1}{5} + \frac{1}{15} + \frac{7}{10} + \frac{9}{20}$ $(1\frac{5}{12})$
4) $\frac{1}{10} + \frac{7}{100} + \frac{9}{50} + \frac{1}{5}$ $(\frac{11}{20})$

Subtraction of Fractions

Example

The subtraction of fractions is done in the same way as addition but the number of parts are subtracted instead of added.

1) $\frac{3}{4} - \frac{1}{4} = \frac{2}{4} = \frac{1}{2}$

2) $\frac{5}{6} - \frac{2}{3} = \frac{5}{6} - \frac{4}{6} = \frac{1}{6}$ $(\frac{2}{3} = \frac{2 \times 2}{3 \times 2} = \frac{4}{6})$

3) $\frac{5}{12} - \frac{3}{16} = \frac{20}{48} - \frac{9}{48} = \frac{11}{48}$

Both fractions have been changed into 48ths. 48 being the smallest number that 12 and 16 divide into.

Exercise

1) $\frac{5}{8} - \frac{3}{8}$ $(\frac{1}{4})$ 2) $\frac{7}{12} - \frac{1}{8}$ $(\frac{11}{24})$ 3) $\frac{1}{3} - \frac{5}{16}$ $(\frac{1}{48})$
4) $\frac{3}{4} - \frac{1}{6}$ $(\frac{7}{12})$

Multiplication of Fractions

When a fraction is multiplied by another fraction the top numbers are multiplied together and the bottom numbers are multiplied together. If a fraction is multiplied by a whole number it must be remembered that the whole number is a number over one $\left(\text{for example 7 is }\frac{7}{1}\right)$.

Example

1) $\frac{1}{2} \times \frac{3}{4} = \frac{1 \times 3}{2 \times 4} = \frac{3}{8}$

2) $\frac{1}{3} \times \frac{2}{7} \times \frac{1}{5} = \frac{1 \times 2 \times 1}{3 \times 7 \times 5} = \frac{2}{105}$

If a number at the top can be reduced by dividing by a factor, and a number at the bottom can be reduced by dividing by the same factor, then such common factors can be cancelled.

3) $\frac{3}{4} \times 5 = \frac{3}{4} \times \frac{5}{1} = \frac{3 \times 5}{4 \times 1} = \frac{15}{4} = 3\frac{3}{4}$

4) $\frac{\cancel{3}^1}{\cancel{4}_2} \times \frac{5}{\cancel{6}_2} \times \frac{\cancel{2}^1}{7} = \frac{1 \times 5 \times 1}{2 \times 2 \times 7} = \frac{5}{28}$

The 3 at the top and the 6 at the bottom have been divided by 3.

The 2 at the top and the 4 at the bottom have been divided by 2.

5) $\frac{\cancel{7}^1}{\cancel{12}_{\cancel{2}_1}} \times \frac{\cancel{3}^1}{\cancel{14}_2} \times \frac{\cancel{4}^1}{5} = \frac{1 \times 1 \times 1}{1 \times 2 \times 5} = \frac{1}{10}$

6) $\frac{1}{2}$ of $\frac{3}{4} = \frac{1}{2} \times \frac{3}{4} = \frac{3}{8}$

Sometimes 'of' is used for multiplication.

Exercise

1) $\frac{1}{4} \times \frac{1}{3}$ $(\frac{1}{12})$ 2) $4 \times \frac{2}{5}$ $(1\frac{3}{5})$

3) $\frac{7}{8} \times \frac{3}{7} \times \frac{2}{3}$ $(\frac{1}{4})$ 4) $\frac{1}{3}$ of $\frac{6}{7}$ $(\frac{2}{7})$

Division of Fractions

When a fraction is divided by another fraction the second fraction (or the divisor) is turned upside down and multiplied by the first fraction.

Example

1) $\frac{1}{7} \div \frac{4}{5} = \frac{1}{7} \times \frac{5}{4} = \frac{1 \times 5}{7 \times 4} = \frac{5}{28}$

2) $\frac{2}{3} \div 3 = \frac{2}{3} \div \frac{3}{1} = \frac{2}{3} \times \frac{1}{3} = \frac{2}{9}$

3) $\frac{3}{4} \times \frac{1}{3} \div \frac{1}{2} = \frac{\cancel{3}^1}{\cancel{4}_2} \times \frac{1}{\cancel{3}} \times \frac{\cancel{2}^1}{1} = \frac{1 \times 1 \times 1}{2 \times 1 \times 1} = \frac{1}{2}$

Exercise

1) $\frac{2}{5} \div \frac{1}{3}$ $(1\frac{1}{5})$ 2) $\frac{3}{5} \div 3$ $(\frac{1}{5})$

3) $\frac{5}{7} \times \frac{1}{5} \div \frac{3}{14}$ $(\frac{2}{3})$ 4) $\frac{7}{15} \times \frac{3}{8} \div \frac{7}{8}$ $(\frac{1}{5})$

Whole Numbers and Fractions

Addition and Subtraction

1) Add and subtract whole numbers.
2) Add and subtract fractions.
3) If the final fraction is greater than 1 reduce it to a fraction less than 1 and add whole ones to the whole number part.
4) If the final fraction is negative borrow from the whole number part to make the fraction positive.

Example

1) $1\frac{3}{4}+1\frac{1}{2}+3\frac{2}{3} = 5+\frac{3}{4}+\frac{1}{2}+\frac{2}{3} = 5+\frac{9}{12}+\frac{6}{12}+\frac{8}{12} = 5+\frac{23}{12} = 5+1\frac{11}{12} = 6\frac{11}{12}$

2) $2\frac{3}{8}-1\frac{1}{6} = 1+\frac{3}{8}-\frac{1}{6} = 1+\frac{9}{24}-\frac{4}{24} = 1\frac{5}{24}$

3) $3\frac{1}{4}-1\frac{5}{6} = 2+\frac{1}{4}-\frac{5}{6} = 2+\frac{3}{12}-\frac{10}{12} = 2-\frac{7}{12} = 1+1-\frac{7}{12} = 1+\frac{12}{12}-\frac{7}{12} = 1+\frac{5}{12}$
$= 1\frac{5}{12}$

4) $\frac{5}{8}+5\frac{2}{3}-3\frac{3}{4} = 2+\frac{5}{8}+\frac{2}{3}-\frac{3}{4} = 2+\frac{15}{24}+\frac{16}{24}-\frac{18}{24} = 2+\frac{13}{24} = 2\frac{13}{24}$

Exercise

1) $1\frac{1}{4}+2\frac{1}{3}+3\frac{1}{2}$ $(7\frac{1}{12})$
2) $3\frac{4}{5}-1\frac{7}{10}$ $(2\frac{1}{10})$
3) $5\frac{1}{6}-2\frac{7}{8}$ $(2\frac{7}{24})$
4) $\frac{3}{4}+4\frac{1}{3}-\frac{3}{16}$ $(4\frac{43}{48})$

Multiplication and Division

Proper fractions are fractions where the top line number is less than the bottom line number.

Improper fractions are fractions where the top line number is equal to or more than the bottom line number.

In division the mixed number must be changed into an improper fraction first,

thus $1\frac{1}{6}$ is written $\frac{7}{6}$ $\left(\frac{6}{6}+\frac{1}{6}\right)$ and $3\frac{5}{8}$ is written $\frac{29}{8}$ $\left(\frac{24}{8}+\frac{5}{8}\right)$

the working then follows the working for proper fractions.

Example

1) $2\frac{2}{3} \times 1\frac{1}{8} = \frac{8}{3} \times \frac{9}{8} = \frac{1 \times 3}{1 \times 1} = 3$

2) $3\frac{1}{2} \div 5\frac{1}{4} = \frac{7}{2} \div \frac{21}{4} = \frac{7}{2} \times \frac{4}{21} = \frac{1 \times 2}{1 \times 3} = \frac{2}{3}$

3) $2\frac{3}{4} \times 1\frac{3}{11} \times 2\frac{1}{7} = \frac{11}{4} \times \frac{14}{11} \times \frac{15}{7} = \frac{1 \times 1 \times 15}{2 \times 1 \times 1} = \frac{15}{2} = 7\frac{1}{2}$

4) $1\frac{1}{3} \times 3\frac{1}{8} \div 4\frac{1}{6} = \frac{4}{3} \times \frac{25}{8} \div \frac{25}{6} = \frac{4}{3} \times \frac{25}{8} \times \frac{6}{25} = \frac{1 \times 1 \times 2}{1 \times 2 \times 1} = \frac{2}{2} = 1$

Exercise

1) $2\frac{3}{4} \times 2\frac{2}{3}$ $(7\frac{1}{3})$
2) $5\frac{2}{5} \div 1\frac{4}{5}$ (3)
3) $3\frac{1}{5} \times 3\frac{1}{8} \times 1\frac{3}{4}$ $(17\frac{1}{2})$
4) $3\frac{3}{5} \times 2\frac{1}{2} \div \frac{3}{4}$ (12)

Fractions to Decimals

The line in a fraction means division. For example $\frac{1}{2}$ means $1 \div 2$

$$2 \overline{\smash{)}\begin{array}{l}1.0\\[-2pt]0.5\end{array}} \quad \text{that is} \quad \frac{1}{2} = 0.5.$$

Example

1) $\frac{3}{4}$ is $4\overline{\smash{)}\begin{array}{l}3.00\\[-2pt]0.75\end{array}}$ that is $\frac{3}{4} = 0.75$

2) $\frac{1}{8}$ is $8\overline{\smash{)}\begin{array}{l}1.000\\[-2pt]0.125\end{array}}$ that is $\frac{1}{8} = 0.125$

3) $\frac{5}{6}$ is $6\overline{\smash{)}\begin{array}{l}5.000\\[-2pt]0.833\end{array}}$ that is $\frac{5}{6} = 0.833$

This can be written $0.8\dot{3}$ the dot over the 3 means the 3 is recurring.

4) $\frac{7}{10}$ is $7 \div 10 = 0.7$

With 10 ths, 100 ths etc. the division is by 10, 100, etc., and hence the answer is obtained by moving the decimal point to the left.

Decimals to Fractions

In a decimal number the digits following the decimal point are tenths, hundredths, thousandths etc.

$$0.173 \quad \text{is} \quad \frac{1}{10} + \frac{7}{100} + \frac{3}{1\,000} = \frac{173}{1\,000}$$

As a rule write down the number, draw a line under it and write a 1 under the decimal point and a zero for each of the other digits (including zeros) following the decimal point.

Example

1) $0.625 \left(= \frac{0.625}{1\,000} \right) = \frac{625}{1\,000} = \frac{25}{40} = \frac{5}{8}$

2) $0.45 \left(= \frac{0.45}{100} \right) = \frac{45}{100} = \frac{9}{20}$

3) $0.175 \left(= \frac{0.175}{1\,000} \right) = \frac{175}{1\,000} = \frac{35}{200} = \frac{7}{40}$

4) $0.042\,5 \left(= \frac{0.042\,5}{10\,000} \right) = \frac{425}{10\,000} = \frac{17}{400}$

Rounding Off

Significant Figures

    784 is a whole number.
    784.6 is 785 when rounded off to the nearest whole number.
    784.3 is 784 when rounded off to the nearest whole number.

The 4 is the last significant figure. When rounding off, if the next digit is a 5 or more then 1 is added to the last significant figure and all digits to the right are discarded. If the next digit to the right of the last significant figure is less than 5 then no alteration is made to the last significant figure.

Example

1) 981.765 4 becomes 982 to three significant figures.
2) 10.753 6 becomes 10.8 to three significant figures.
3) 192.394 becomes 192 to three significant figures.
4) 769.846 4 is 769.85 to five significant figures.
   769.846 4 is 769.8 to four significant figures.

Exercise

Round off the following to four significant figures.

1) 79.857 2 (79.86)   2) 108.049 (108.0)
3) 1 758.2 (1 758)   4) 362.843 (362.8)

Decimal Places

The number 86.573 is said to have three decimal places, there being three digits to the right of the decimal point. Rounding off decimals to a given number of decimal places is done in the same way as with significant figures.

Example

1) 5.891 becomes 5.89 to two decimal places.
2) 176.543 becomes 176.5 to one decimal place.
3) 9.856 2 becomes 9.86 to two decimal places.
4) 10.576 8 becomes 10.577 to three decimal places.

Exercise

Write down the following to two decimal places.

1) 91.876 4 (91.88)   2) 3.754 1 (3.75)
3) 109.763 (109.76)   4) 0.087 5 (0.09)

Rough Checks

Whenever calculations are being done, with a calculator, with logarithms or without any aid, a rough check should always be made. This checks that the answer is of the correct order, that is that the decimal point is in the correct position.

Example

1) 8.175×31.76

Rough Check $\quad 8 \times 30 = \underline{240}$ $\qquad$ True value is $\quad 8.175 \times 31.76 = \underline{259.6}$

2) $\dfrac{12.72}{5.681} = 12.72 \div 5.681$

Rough check $\quad 13 \div 6 = \underline{2.2}$ $\qquad$ True value is $\quad 12.72 \div 5.681 = \underline{2.239}$

3) $\dfrac{17.89 \times 19.16 \times 107.8}{98.7 \times 13.75}$

Rough check $\quad \dfrac{20 \times 20 \times 100}{100 \times 10} = \underline{40}$ $\qquad$ True value is $\quad \underline{27.2}$

If in doing this calculation fully and we found an answer 272 or 2.72 we would know that we had made a mistake.

Exercise

Calculate rough checks for the following and then calculate the true value.

1) 39.7×8.21 $\quad$ (rough check 320; $\quad$ true value 325.937)

2) $\dfrac{79.5}{8.27}$ $\quad$ (rough check 10; $\quad$ true value 9.613 06)

3) $\dfrac{23.19 \times 17.84}{318.9}$ $\quad$ (rough check 1.3; $\quad$ true value 1.297 30)

4) $\dfrac{7.63 \times 5.81 \times 9.3}{27.1 \times 31.2}$ $\quad$ (rough check 0.5; $\quad$ true value 0.487 60)

Calculator Check

When using a calculator remember that the calculator is normally correct, the errors in calculation are normally human. Hence always check your work. The following are the main types of error with ways of avoiding them.

1) Wrong Entry or Wrong Copying of a Number

When you have entered a number into the calculator always check the number before pressing the +, −, x or ÷ key. A common mistake is the transposition of digits, e.g. writing 1.462 instead of 1.642. When copying down the answer from the calculator check that you have copied it correctly before clearing the number from the calculator.

2) Adding a Number Twice or Missing out a Number in Addition

When adding a 'string' of numbers tick them off as you enter them into the calculator to check that you have entered them all or not entered one number twice.

3) Pressing the Wrong Key or Doing the Calculation in the Wrong Order

You should always check your calculation when using a calculator in the same way as you do without the calculator. Always do the calculation twice, entering the numbers in a different order in the case of addition of a 'string' of numbers or do the calculation a different way if possible.

The following calculations can be used to check that you are using the calculator correctly:

67.84+91.92+71.85 = 231.61

66.32−19.85 = 46.47

88.56−13.84+24.31 = 99.03

77.3×64.8 = 5 009.04

9.17×3.8+81.752 = 116.598

(7.85+3.91)×6.3 = 74.088

9.13×4.3×6.8 = 266.961 2

$\dfrac{91.76}{1.85}$ = 49.6

$\dfrac{8.13 \times 1.46}{7.5}$ = 1.582 64

* $\dfrac{8.43}{9.1} + \dfrac{7.65}{3.8}$ = 2.939 53

† $\dfrac{8.16}{9.4} - \dfrac{3.62}{1.4}$ = −1.717 63

17.62 − $\dfrac{8.54}{3.6}$ = 15.247 8

If the calculator you are using has not got a memory the calculations * and † can be done as follows:

* $\left(\dfrac{8.43 \times 3.8}{9.1} + 7.65\right) \div 3.8$ = 2.939 53

† $\left(\dfrac{-3.62 \times 9.4}{1.4} + 8.16\right) \div 9.4$ = −1.717 63

Transposition of Formulae

The transposition of formulae means changing the subject of the formula by taking terms from one side of a formula to the other. If a term is added (or subtracted) to one side of the formula it must be added (or subtracted) to the other. If all the terms of one side are multiplied (or divided) by a term, all the terms on the other side of the formula must be multiplied (or divided) by that same term.

Example

1) The area of a circle $A = \pi r^2$. Where r is the radius.

Divide each side by π:

$$\frac{A}{\pi} = \frac{\pi r^2}{\pi} \quad \text{or} \quad \frac{A}{\pi} = r^2$$

Take the square root of each side:

$$\sqrt{\frac{A}{\pi}} = r$$

If we know the area of a circle and we want to find the radius we can use the formula:

$$r = \sqrt{\frac{A}{\pi}}$$

2) If F represents degrees Farenheit and C represents degrees Centigrade then:

$$F = \frac{9}{5}C + 32$$

Subtract 32 from each side: $\quad F - 32 = \frac{9}{5}C + 32 - 32 \quad \text{or} \quad F - 32 = \frac{9}{5}C$

Multiply both sides by $\frac{5}{9}$ then: $\quad \frac{5}{9}(F-32) = \frac{9}{5}C \times \frac{5}{9} \quad \text{or} \quad \frac{5}{9}(F-32) = C$

or $\quad C = \frac{5}{9}(F-32)$

Exercise

1) If $\quad v = u + at \quad$ show that $\quad a = \dfrac{v-u}{t}$

2) If $\quad V = \frac{4}{3}\pi R^3 \quad$ show that $\quad R = \sqrt[3]{\dfrac{3V}{4\pi}}$

Mathematical Signs and Abbreviations

Symbol	Term	Symbol	Term
[{( )}]	brackets	lim y	limit of y
$+$	plus	$\to a$	approaches a
$-$	minus	∞	infinity
$\pm$	plus or minus	Σ	sum of
$\lvert a-b \rvert$	modulus of difference between a and b	Π	product of
$\times$ or $\cdot$	multiplied by	$\sqrt{x}, x^{\frac{1}{2}}$	square root of x
$\div$ or $/$	divided by	$x^{\frac{1}{3}}$	cube root of x
$=$	is equal to	e	base of natural logarithms
$\neq$	is not equal to	$\log_a x$	logarithm to the base a
$\equiv$	is identical with	$\ln x, \log_e x$	natural logarithm of x
$\triangleq$	corresponds to	$\lg x, \log_{10} x$	common logarithm of x
$\approx$	is approximately equal to	antilog	antilogarithm
$\sim$	is asymptotically equal to	$\exp x, e^x$	exponential function of x
$\propto$	varies directly as		
$>$	is greater than	$n!$	factorial n
$<$	is less than	$\binom{n}{p}, {}^nC_p$	binomial coefficient
$\geqslant$	is equal to or greater than		
$\leqslant$	is equal to or less than	Δ, δ	increment or finite difference operator
$\gg$	is much greater than		
$\ll$	is much less than	D	operator $\dfrac{d}{dx}$
i, j	complex number $i = j = \sqrt{-1}$	$\int y \, dx$	indefinite integral
$\lvert z \rvert$	modulus of z	$\int_a^b y \, dx$	integral between the limits of a and b
arg z	argument of z		
x_i	ith value of the variate x	$\oint y \, dx$	around a closed contour
$\bar{x}$	average of several values of x		
ρ	correlation coefficient	σ	standard deviation of a distributed variate
r	correlation coefficient for a sample	s	standard deviation for a sample
p	probability	n	number in a sample
$\angle$	angle	ω	range
$\subset$	one subset	$\therefore$	therefore
$\&$	universal set	Δ	triangle
A^{-1}	inverse of the matrix A	$\cup$	union
$\parallel$	parallel to	$\cap$	intersection
$\perp$	perpendicular to	A'	transpose of the matrix A

Logarithms

Logarithms are made up of 2 parts, the decimal part (*mantissa* which is obtained from the logarithm tables) and the whole number part (*characteristic*).

For numbers between 1 and 10 the characteristic is *zero*. For numbers greater than 10 the characteristic is *positive* and is 1 less than the number of digits to the left of the decimal point. Thus the characteristic of 17.82 is 1, and of 1 787 is 3. For *numbers less than 1* the characteristic is *negative* and is 1 more than the number of zeros which follow the decimal point. Thus the characteristic of 0.178 7 is $\bar{1}$ and 0.000 178 7 is $\bar{4}$.

Reference Table

Numbers between			Characteristic	Numbers between			Characteristic
1	and	10	0	0.1	and	1.0	$\bar{1}$
10	and	100	1	0.01	and	0.1	$\bar{2}$
100	and	1 000	2	0.001	and	0.01	$\bar{3}$
1 000	and	10 000	3	0.000 1	and	0.001	$\bar{4}$
10 000	and	100 000	4	0.000 01	and	0.000 1	$\bar{5}$
100 000	and	1 000 000	5	0.000 001	and	0.000 01	$\bar{6}$

Example

1) Addition of logarithms

$$\begin{array}{r} 1.400\,0 \\ 3.800\,0\,+ \\ \hline 1.200\,0 \end{array} \qquad \begin{array}{r} \bar{1}.400\,0 \\ 3.800\,0\,+ \\ \hline 3.200\,0 \end{array}$$

2) Subtraction of logarithms. When subtracting the characteristics change the sign of the bottom line and collect as in addition.

$$\begin{array}{r} 2.800\,0 \\ 5.300\,0\,- \\ \hline \bar{3}.500\,0 \end{array} \quad \begin{array}{r} 2.800\,0 \\ \bar{5}.300\,0\,- \\ \hline 7.500\,0 \end{array} \quad \begin{array}{r} \bar{1}.400\,0 \\ 3.800\,0\,- \\ \hline \bar{1}.600\,0 \end{array} \quad \begin{array}{r} \bar{2}.800\,0 \\ \bar{5}.300\,0\,- \\ \hline 3.500\,0 \end{array}$$

3) Multiplication of logarithms

$$\begin{array}{r} 0.661\,1 \\ 3\times \\ \hline 1.983\,3 \end{array} \qquad \begin{array}{r} \bar{2}.294\,1 \\ 5\times \\ \hline \bar{9}.470\,5 \end{array}$$

4) Division of logarithms.

$$3\overline{|2.827\,5} \qquad 3\overline{|\bar{1}.649\,6} \qquad \bar{1}.649\,6 = -1+0.649\,6$$
$$0.942\,5$$

To divide this logarithm by 3 it must be written

$$-1-2+2+0.649\,6 = -3+2.649\,6$$
$$3\overline{|\bar{3}+2.649\,6} = \bar{1}.883\,2$$
$$\bar{1}+0.883\,2$$

Exercise

1) Add   3.497 2 and $\bar{2}$.158 2   (1.655 4)
2) Subtract $\bar{3}$.194 6 from $\bar{1}$.875 2   (2.680 6)
3) Multiply $\bar{2}$.384 1 by 6   ($\overline{10}$.304 6)
4) Divide $\bar{1}$.271 9 by 2   ($\bar{1}$.636 0)

Antilogarithms

The decimal part (mantissa) is used in the tables. The characteristic is used to place the decimal point. (Use reference table on page 22.)

Example

Find the number whose logarithm is 2.805 1.   0.805 1 represents 6384. The characteristic 2 denotes that the number lies between 100 and 1 000. Hence the antilogarithm of 2.805 1 is 638.4.
Similarly the antilogarithm of $\bar{1}$.602 1 is 0.400 0.

Laws of Logarithms

1st Law: To multiply two numbers find their logarithms. *Add* the logarithms then find the antilogarithm.

Example

1) 8.175x31.76

Number	Logarithm
8.175	0.912 5
31.76 x	1.501 9+
259.6 ⟵	2.414 4

8.175x31.76 = 259.6

2)   79.86x0.017 25

Number	Logarithm
79.86	1.902 3
0.017 25x	$\bar{2}$.236 8+
1.377 ⟵	0.139 1

79.86x0.017 25 = 1.377

2nd Law: To divide two numbers (or to work out a fraction) find their logarithms. *Subtract* one logarithm from the other then find the antilogarithm.

Example

1) $\frac{12.72}{5.681}$ = 12.72÷5.681

Number	Logarithm
12.72	1.104 5
5.681÷	0.754 4−
2.240 ⟵	0.350 1

12.72÷5.681 = 2.240

2) $\frac{0.917\,6}{70.35}$ = 0.917 6÷70.35

Number	Logarithm
0.917 6	$\bar{1}$.962 7
70.35 ÷	1.847 3−
0.013 04 ⟵	$\bar{\bar{2}}$.115 4

0.917 6÷70.35 = 0.013 04

3rd Law: To find a number raised to a power find the logarithm of the number. *Multiply* the logarithm by the power then find the antilogarithm.

Example

1) $1.652^3 = (1.652)^3$

Number	Logarithm
1.652	0.2180
	3x
4.508 ←	0.6540

$1.652^3 = 4.508$

2) $8.172^5 = (8.172)^5$

Number	Logarithm
8.172	0.9123
	5x
36 430 ←	4.5615

$8.172^5 = 36\,430$

4th Law: To find the root of a number find the logarithm of the number. Divide the logarithm by the root required then find the antilogarithm.

Example

1) $\sqrt{5.731}$

Number	Logarithm
5.731	0.7583
	2÷
2.394 ←	0.3792

$\sqrt{5.731} = 2.394$

2) $\sqrt[3]{0.0371}$

Number	Logarithm
0.0371	$\bar{2}.5694$
	$-2+0.5694$
	$-3+1.5694 \div 3$
	$-1+0.5231$
0.3335	$\bar{1}.5231$

$\sqrt[3]{0.0371} = 0.3335$

Ratios and Proportions

A fraction is a ratio, thus $\frac{1}{2}$ means in the ratio of 1 to 2 (written 1 : 2). If the top and bottom of a fraction are multiplied by the same quantity the value of the fraction is not changed.

For example $\frac{1}{2} = \frac{6}{12} = \frac{60}{120}$ etc, similarly the ratios 1 : 2, 6 : 12, 60 : 120 are all the same value.

Ratios are sometimes written as percentages, 2 : 3 is the same as the ratio 40% to 60%.

Example

1) An alloy consists of copper and zinc in the ratio 3 : 2. Find the percentage composition of the alloy.

There are 3 parts of copper and 2 parts of zinc; therefore there are 5 parts altogether which make up 100%.

Hence 1 part is equal to $\frac{100}{5} = 20\%$

3 parts are equal to $3 \times 20 = 60\%$

2 parts are equal to $2 \times 20 = 40\%$

The alloy therefore contains 60% copper and 40% zinc.

2) An alloy has a percentage composition by mass of 85% copper, 10% tin and 5% zinc. Find the mass of each metal in 1 kg of the alloy.

The metals are in the ratio 85 : 10 : 5, this can be reduced to 17 : 2 : 1 by dividing each number by the common factor 5.

There are $17+2+1 = 20$ parts

20 parts are equivalent to 1 000 g (1 kg = 1 000 g)

1 part is equivalent to $\frac{1\,000}{20} = 50$ g

Thus 17 parts are equal to $17 \times 50 = 850$ g

2 parts are equal to $2 \times 50 = 100$ g

and 1 part is equal to $1 \times 50 = 50$ g

Therefore the alloy consists of 850 g of copper, 100 g of tin, and 50 g of zinc.

3) If 12 men working 7 hours a day complete an order in $5\frac{1}{2}$ days, calculate the number of men required to complete the same order in 7 days, working at a rate of 6 hours per day.

Number of man hours required to complete the order
$= 12 \times 7 \times 5\frac{1}{2} = 462$ man hours.

In 7 days each man will have worked $7 \times 6 = 42$ hours.

the number of men required $= \frac{462}{42} = 11$.

11 men are required to complete the job in 7 days working 6 hours per day.

4) A special cutting oil is to be made up of oils A and B in the ratio of 3.5 : 1. If 90 litres of cutting oil are required, calculate the quantities of each oil needed.

The total number of parts is $3.5 + 1 = 4.5$ parts.

4.5 parts are equal to 90 litres

1 part is equal to $\frac{90}{4.5} = 20$ litres

Hence quantity of oil A required $= 3.5 \times 20 = 70$ litres
and quantity of oil B required $= 1.0 \times 20 = 20$ litres.

Percentages

Fractions are often expressed as percentages, i.e., the number of parts based on 100 parts. To express a fraction as a percentage it is multiplied by 100.

$$\frac{3}{4} \text{ becomes } \frac{3}{4} \times 100 = 75\%$$

and $\quad \frac{3}{8}$ becomes $\frac{3}{8} \times 100 = 37.5\%$

Similarly $\quad 1\%$ means $\frac{1}{100}$

e.g. $\quad 1\%$ of £2.00 means $\frac{1}{100} \times 200\,\text{p} = 2\,\text{p}$

$\quad 6\%$ of £2.00 means $\frac{6}{100} \times 200\,\text{p} = 12\,\text{p}$

Example

1) A man earns £50 a week. He is to receive a pay rise of 6%. What will his new weekly pay be?

$$6\% \text{ of } £50.00 = \frac{6}{100} \times 50 = £3.00$$

New weekly pay = 50+3 = £53.00.

2) A man buys an item priced at £50.00 from his company. If he is allowed a discount of 20%, how much does he pay for this item?

$$20\% \text{ of } £50.00 = \frac{20}{100} \times 50 = £10.00$$

He therefore pays £50.00−£10.00 = £40.00.

3) An article was sold, at a loss, for £3.60 this was 80% of the cost price. What was the cost price?

$$80\% \text{ is } £3.60$$

$$1\% \text{ is } \frac{£3.60}{80}$$

$$100\% \text{ is } \frac{£3.60}{80} \times 100 = £4.50$$

The cost price was £4.50.

4) In boxes of nuts 6% are known to be defective. How many defective nuts will there be in a box containing 500 nuts?

$$6\% \text{ of the nuts} = \frac{6}{100} \times 500 = 30 \text{ nuts}$$

There will be 30 defective nuts in a box of 500 nuts.

5) The number of components produced by a factory is to be reduced by 15%. If the factory previously produced 380 components a day, how many will it produce after this reduction?

A 15% reduction means that only 85% (100−15) will be produced. Instead of finding 15% and subtracting, the answer can be found straight away by finding 85%.

$$85\% \text{ of } 380 = \frac{85}{100} \times 380 = 17 \times 19 = 323 \text{ components}$$

The factory will produce 323 components a day after the 15% reduction.

6) Due to corrosion a bar of cross-section 20 mm×15 mm is reduced to 19 mm×14 mm. Find the percentage decrease in cross-sectional area.

Cross-sectional area of the original bar = 20×15 = 300 mm^2
Cross-sectional area of corroded bar = 19×14 = 266 mm^2
Loss in cross-sectional area = 300−266 = 34 mm^2

$$\text{Percentage loss in area} = \frac{\text{Loss in area}}{\text{Original area}} \times 100 = \frac{34}{300} \times 100 = 11.3\%$$

Note: percentages are always calculated with respect to the original value, not the resulting value.

Simple Interest and Depreciation

Simple Interest

To calculate *simple interest* use the formula:

$$I = \frac{PRT}{100}$$

Where I = the interest
P = the principal (the amount borrowed or lent)
R = the rate percent
T = the time in years

Example

1) Find the simple interest on £500 borrowed for 4 years at 16%.

$$P = £500 \quad R = 16\% \quad T = 4 \text{ years}$$

$$I = \frac{500 \times 16 \times 4}{100} = 320$$

The simple interest is £320.

2) £800 is invested at 7% per annum. How long will it take for the amount to reach £940? (We have assumed simple interest.)

The interest $\quad I = £940 - £800 = £140 \quad R = 7 \quad P = 800$

$$140 = \frac{800 \times 7 \times T}{100}$$

$$140 \times 100 = 800 \times 7 \times T$$

$$T = \frac{140 \times 100}{800 \times 7} = \frac{140}{56} = 2.5 \text{ years}$$

The time taken = $2\frac{1}{2}$ years.

Depreciation

Depreciation can be calculated each year or a formula can be used. Example 1 is worked out by calculating each year and Example 2 uses the following formula:

$$A = P\left(1 - \frac{R}{100}\right)^n$$

Where $\quad A$ = the book value after n years
P = the initial cost of the asset
R = the rate of depreciation
n = the number of years

Example

1) A small business buys a centre lathe costing £3 000. It decides to calculate the depreciation each year as 20% of its value at the beginning of the year. Calculate the book value after three complete years.

Cost of lathe	= £3 000
Depreciation first year (20%)	= £600 (20% of £3 000)
Book value at start of second year	= £2 400
Depreciation second year	= £480 (20% of £2 400)
Book value at start of third year	= £1 920
Depreciation third year	= £384 (20% of £1 920)
Book value at end of third year	= £1 536

The lathe is estimated to be worth £1 536 at the end of the third year.

2) A business buys new machinery costing £12 000. If depreciation is calculated at 25% find the book value at the end of 4 years.

$P = 12\,000, \quad R = 25\%, \quad n = 4$

$$A = P\left(1 - \frac{R}{100}\right)^n = 12\,000\left(1 - \frac{25}{100}\right)^4$$

$$\underline{A} = 12\,000 \times 0.75^4 = \underline{3\,798}$$

The book value of the machinery at the end of 4 years = £3 798.

Salaries and Wages

Example

1) A man is paid a basic rate of £1.84 per hour. Find the rates of pay for overtime in the following cases:

    a) time and a quarter
    b) time and a half
    c) double time

a) Overtime rate at time and a quarter = $1\frac{1}{4} \times £1.84 = \frac{5}{4} \times 1.84$

$$= 5 \times 0.46 = £2.30$$

b) Overtime rate at time and a half = $1\frac{1}{2} \times £1.84 = \frac{3}{2} \times 1.84$

$$= 3 \times 0.92 = £2.76$$

c) Overtime rate at double time = $2 \times 1.84 = £3.68$

2) Mr. Smith works a 38 hour week for which he is paid £72.58. He works 4 hours overtime at which he is paid time and a half and 2 hours at double time. Calculate his gross wage for the week.

$$\text{Basic hourly rate} = \frac{£72.58}{38} = £1.91$$

$$\text{Overtime at time and a half} = 1\frac{1}{2} \times £1.91 = \frac{3}{2} \times 1.91$$

$$= 3 \times 0.955 = £2.865$$

$$\text{Overtime rate at double time} = 2 \times £1.91 = £3.82$$

$$\underline{\text{Gross Wage}} = £72.58 + 4 \times 2.865 + 2 \times 3.82$$

$$= £72.58 + £11.46 + £7.64$$

$$= \underline{£92.68}$$

3) A man is paid 9 p for each bolt that he locks, up to 60 per day. For each bolt over 60 that he locks he is paid 10 p. How much does he earn during a day on which he locks 94 bolts?

    Amount earned on the first 60   is $60 \times 9 = 540$ p
    Amount earned on the next 34 (94−60)   is $34 \times 10 = 340$ p

Total earned = 540 + 340 = 880 p = £8.80.

Conversion Table

Percentages to Fractions, Decimals and Pence per Pound

%	Fractional Equivalent	Decimal Equivalent	Pence per Pound
¼	1/400	0.002 5	¼
½	1/200	0.005	½
1	1/100	0.010	1
1½	3/200	0.015	1½
2	1/50	0.020	2
2½	1/40	0.025	2½
3	3/100	0.030	3
3½	7/200	0.035	3½
4	1/25	0.040	4
4½	9/200	0.045	4½
5	1/20	0.050	5
6	3/50	0.060	6
7	7/100	0.070	7
7½	3/40	0.075	7½
8	2/25	0.080	8
9	9/100	0.090	9
10	1/10	0.100	10
12½	5/40	0.125	12½
15	3/20	0.150	15
17½	7/40	0.175	17½
20	1/5	0.200	20
22½	9/40	0.225	22½
25	1/4	0.250	25
27½	11/40	0.275	27½
30	3/10	0.300	30
32½	13/40	0.325	32½
35	7/20	0.350	35
37½	3/8	0.375	37½
40	2/5	0.400	40
42½	17/40	0.425	42½
45	9/20	0.450	45
47½	19/40	0.475	47½
50	1/2	0.500	50
60	3/5	0.600	60
70	7/10	0.700	70
80	4/5	0.800	80
90	9/10	0.900	90
100	1	1.000	100

Radians

The angle $360°$ (one complete rotation) is the same as 2π radians. Therefore $180°$ is the same as π radians.

Hence to change degrees to radians multiply by $\frac{\pi}{180}$.

And to change radians to degrees multiply by $\frac{180}{\pi}$.

Radians must be used when finding the area of a segment of a circle.

$$\text{Area} = \tfrac{1}{2}r^2(\phi - \sin\phi) \qquad \phi \text{ angle in radians}$$

Radians can also be used when finding the length of an arc of a circle.

$$\text{Length of arc} = r\theta \qquad \theta \text{ angle in radians}$$

Example

1) Change the following into radians (take $\pi = 3.141\,59$):

   a) $60° = 60 \times \frac{\pi}{180} = \frac{\pi}{3}$

   $ = \underline{1.047\,2}$ radians.

   b) $37° = 37 \times \frac{\pi}{180}$

   $ = \underline{0.645\,8}$ radians.

   c) $109° = 109 \times \frac{\pi}{180}$

   $ = \underline{1.902\,4}$ radians.

2) Change the following into degrees:

   a) $1 \text{ radian} = 1 \times \frac{180}{\pi} = \underline{57.296°}$.

   b) $0.5 \text{ radians} = 0.5 \times \frac{180}{\pi}$

   $\phantom{0.5 \text{ radians}} = \underline{28.648°}$.

   c) $1.2 \text{ radians} = 1.2 \times \frac{180}{\pi}$

   $\phantom{1.2 \text{ radians}} = \underline{68.755°}$.

Exercise

1) Change the following into radians:

   a) $45°$ $\quad(0.785\,4)$.
   b) $24°$ $\quad(0.418\,9)$.
   c) $145°$ $\quad(2.530\,7)$.

2) Change the following into degrees:

   a) $\frac{\pi}{6}$ radians $\quad(30°)$.
   b) 3.2 radians $\quad(183.347°)$.
   c) 0.3 radians $\quad(17.189°)$.

Areas of Plane Figures

Rectangle

Area $= lb$

Perimeter $= 2l + 2b$

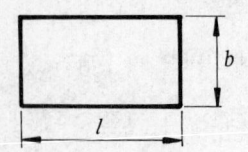

Parallelogram

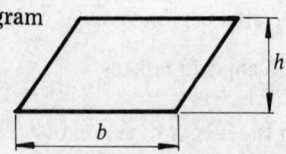

Area $= bh$

Triangle

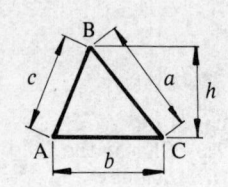

Area $= \frac{1}{2}bh = \sqrt{s(s-a)(s-b)(s-c)}$

$= \frac{1}{2}ab\sin C$

Where $s = \dfrac{a+b+c}{2}$

Trapezium

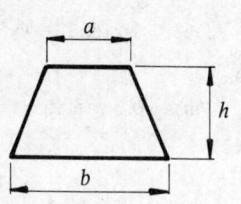

Area $= \frac{1}{2}h(a+b)$

Circle

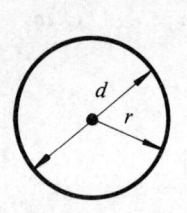

Area $= \pi r^2 = \dfrac{\pi d^2}{4}$

Circumference $= \pi d = 2\pi r$

Segment of a circle

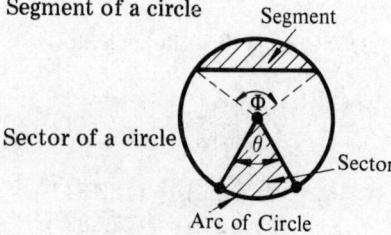

Area $= \frac{1}{2}r^2(\phi - \sin\phi)$

(ϕ in radians)

Sector of a circle

Area $= \pi r^2 \times \dfrac{\theta}{360}$

Length of arc $= 2\pi r \times \dfrac{\theta}{360}$

(θ in degrees)

Volumes and Surface Areas

Cylinder

Volume = $\pi r^2 h$
Curved surface area = $2\pi rh$
Total surface area = $2\pi rh + 2\pi r^2$
$= 2\pi r(r+h)$

Any solid having a uniform cross-section

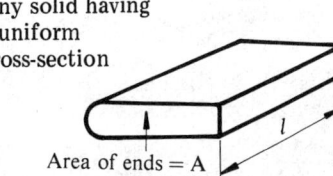

Area of ends = A

Volume = Al
Curved surface area = perimeter of cross-section × length
Total surface area = curved surface area + area of ends

Cone

(h = vertical height)
(l = slant height)

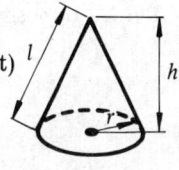

Volume = $\frac{1}{3}\pi r^2 h$
Curved surface area = πrl
Total surface area = $\pi rl + \pi r^2$

Sphere

Volume = $\frac{4}{3}\pi r^3$
Surface area = $4\pi r^2$

Frustrum of a cone

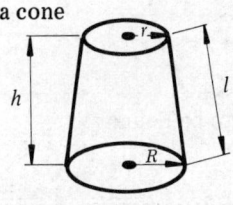

Volume = $\frac{1}{3}\pi h(R^2 + Rr + r^2)$
Curved surface area = $\pi(R+r)l$
Total surface area = $\pi(R+r)l + \pi R^2 + \pi r^2$

Pyramid

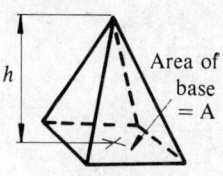

Area of base = A

Volume = $\frac{1}{3}Ah$

Prism

Any solid with two faces parallel and having a constant cross-section. The end faces must be triangles, quadrilaterals or polygons.

Volume = area of cross-section × length of prism

Trigonometry

Right Angled Triangles

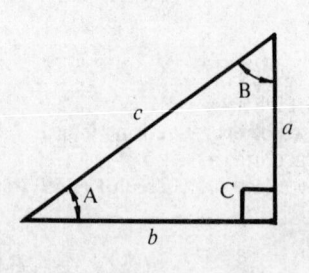

$$\sin A = \frac{\text{opposite side}}{\text{hypotenuse}} = \frac{a}{c}$$

$$\cos A = \frac{\text{adjacent side}}{\text{hypotenuse}} = \frac{b}{c}$$

$$\tan A = \frac{\text{opposite side}}{\text{adjacent side}} = \frac{a}{b}$$

$$\operatorname{cosec} A = \frac{1}{\sin A} = \frac{\text{hypotenuse}}{\text{opposite side}} = \frac{c}{a}$$

$$\sec A = \frac{1}{\cos A} = \frac{\text{hypotenuse}}{\text{adjacent side}} = \frac{c}{b}$$

$$\cot A = \frac{1}{\tan A} = \frac{\text{adjacent side}}{\text{opposite side}} = \frac{b}{a}$$

$\cos A = \sin(90° - A)$

$\sin A = \cos(90° - A)$

$\sin 60° = \frac{\sqrt{3}}{2}$	$\sin 30° = \frac{1}{2}$	$\sin 45° = \frac{\sqrt{2}}{2}$
$\cos 60° = \frac{1}{2}$	$\cos 30° = \frac{\sqrt{3}}{2}$	$\cos 45° = \frac{\sqrt{2}}{2}$
$\tan 60° = \sqrt{3}$	$\tan 30° = \frac{\sqrt{3}}{3}$	$\tan 45° = 1$

Solution of Right Angled Triangles

Parts Given	Parts to be Found				
	A	B	a	b	c
a, c	$\sin A = \frac{a}{c}$	$\cos B = \frac{a}{c}$		$b = \sqrt{c^2 - a^2}$	
a, b	$\tan A = \frac{a}{b}$	$\cot B = \frac{a}{b}$			$c = \sqrt{a^2 + b^2}$
c, b	$\cos A = \frac{b}{c}$	$\sin B = \frac{b}{c}$	$a = \sqrt{c^2 - b^2}$		
A, a		$B = 90° - A$		$b = a \times \cot A$	$c = \frac{a}{\sin A}$
A, b		$B = 90° - A$	$a = b \times \tan A$		$c = \frac{b}{\cos A}$
A, c		$B = 90° - A$	$a = c \times \sin A$	$b = c \times \cos A$	

Non-Right Angled Triangles

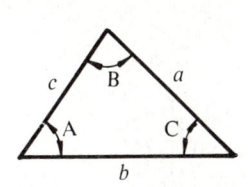

Sine Rule $\dfrac{a}{\sin A} = \dfrac{b}{\sin B} = \dfrac{c}{\sin C}$

Cosine Rule $a^2 = b^2 + c^2 - 2bc \cos A$

$b^2 = a^2 + c^2 - 2ac \cos B$

$c^2 = a^2 + b^2 - 2ab \cos C$

Solution of Non-Right Angled Triangles

Parts Given	Parts to be Found	Formulae
$a, b, c,$	A	$\cos A = \dfrac{b^2 + c^2 - a^2}{2bc}$
$a, b, A,$	B	$\sin B = \dfrac{b \times \sin A}{a}$
$a, b, A,$	C	$C = 180° - (A+B)$
$a, A, B,$	b	$b = \dfrac{a \times \sin B}{\sin A}$
$a, A, B,$	c	$c = \dfrac{a \sin C}{\sin A} = \dfrac{a \sin(A+B)}{\sin A}$
b, c, A	a	$a = b^2 + c^2 - 2bc \cos A$

Area of Triangle

1) Given one side and perpendicular height.

$$\text{Area} = \tfrac{1}{2} \text{ base} \times \text{height}$$

2) Given three sides $\quad s = \dfrac{a+b+c}{2}$

$$\text{Area} = \sqrt{s(s-a)(s-b)(s-c)}$$

3) Given two sides and the included angle.

$$\text{Area} = \tfrac{1}{2} bc \sin A$$

The General Angle

Quadrant	Angle	$\sin A =$	$\cos A =$	$\tan A =$
first	0° to 90°	$\sin A$	$\cos A$	$\tan A$
second	90° to 180°	$\sin(180°-A)$	$-\cos(180°-A)$	$-\tan(180°-A)$
third	180° to 270°	$-\sin(A-180°)$	$-\cos(A-180°)$	$\tan(A-180°)$
fourth	270° to 360°	$-\sin(360°-A)$	$\cos(360°-A)$	$-\tan(360°-A)$

Trigonometrical Identities

$\sin^2 A + \cos^2 A = 1 \qquad \operatorname{cosec}^2 A = 1 + \cot^2 A \qquad \sec^2 A = 1 + \tan^2 A$

$\cot A = \dfrac{\cos A}{\sin A} \qquad\qquad\qquad\qquad\qquad\qquad\qquad \tan A = \dfrac{\sin A}{\cos A}$

Angular Measurement

How many degrees are there in:

a) 2 right angles   2 right angles = $2 \times 90° = 180°$

b) $\frac{1}{3}$ of a right angle $\frac{1}{3}$ of a right angle = $\frac{1}{3} \times 90° = 30°$

c) $\frac{4}{5}$ of a right angle $\frac{4}{5}$ of a right angle = $\frac{4}{5} \times 90° = 72°$

d) $1\frac{1}{4}$ right angles $1\frac{1}{4}$ right angles = $\frac{5}{4} \times 90° = 112° \, 30'$

The angles in a triangle add up to two right angles or $180°$.

Example

Three holes are spaced as shown. Find the third angle A.

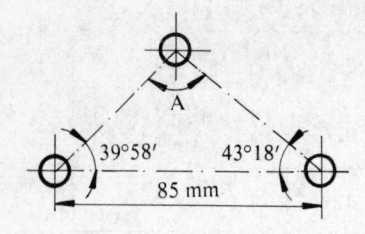

$\angle A + 43°18' + 39°58' = 180°$

$\angle A = 180° - (43°18' + 39°58')$

$\angle A = 180° - 83°16'$

The angle $A = 96°44'$

Angles may be expressed in degrees, minutes and seconds or as a decimal of a degree.

To convert from one system to the other the following conversion factors are used:

$$1 \text{ revolution} = 360°$$
$$1 \text{ degree } (1°) = 60 \text{ minutes } (60')$$
$$1 \text{ minute } (1') = 60 \text{ seconds } (60'')$$

Example

1) Add together the angles $15°11'27''$ and $19°48'35''$:

     $15°\,11'\,27''$
     $19°\,48'\,35''$ $27'' + 35'' = 62'' = 1'2''$
     $\overline{35°\,\,\,0'\,\,\,2''}$ $11' + 48' + 1' = 60' = 1°0'$

2) Subtract the angles $18°12'18''$ from $38°27'49''$:

     $38°\,27'\,49''$
     $18°\,12'\,18''$
     $\overline{20°\,15'\,31''}$

3) Convert $48° \, 9' \, 38''$ to degrees and decimals of a degree.

First convert the $38''$ to a decimal of a minute by dividing by 60,

$$38'' = \frac{38}{60} \text{ minutes}$$

$$\frac{38}{60} = \frac{19}{30}$$

divide top and bottom of the fraction by 10 and it becomes:

$$\frac{1.9}{3} = 0.633\,3$$

$$38'' = 0.633\,3$$

Add on the $9'$ and the total minutes $= 9.633\,3'$.

Now change the minutes to a decimal of a degree by dividing by 60,

$$9.633' = \frac{9.633\,3}{60} \text{ degrees}$$

by dividing top and bottom by 10:

$$\frac{9.633\,3}{60} = \frac{0.963\,33}{6} = 0.160\,55$$

Add on the $48°$

$$\underline{48° \, 9' \, 38''} = \underline{48.161°}.$$

4) Convert $47.281°$ into degrees, minutes and seconds.

$$0.281° = 0.281 \times 60 = 16.86'$$
$$0.86' = 0.86 \times 60 = 51.6'' \quad \text{or} \quad 52''$$
$$\underline{47.281°} = \underline{47° \, 16' \, 52''}$$

Geometry of the Circle

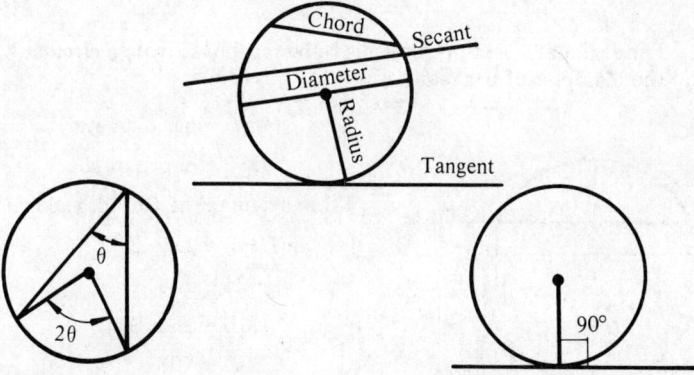

The angle which an arc of a circle subtends at the centre of a circle is twice the angle which the arc subtends at the circumference.

The tangent to a circle is at right-angles to a radius drawn from the point of tangency.

Chords Theorem

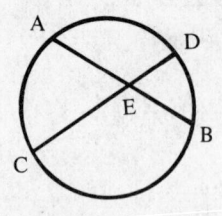

$AE \cdot EB = CE \cdot ED$

PQ = diameter (d)
RS⊥PQ
PX = h
RX = XS = x

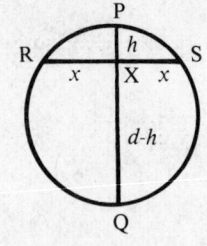

$h(d-h) = x^2$

Applications of Chords and Pythagoras' Theorems

1) Find the width of flat machined on a 20 mm diameter bar, when the depth of cut is 6 mm.

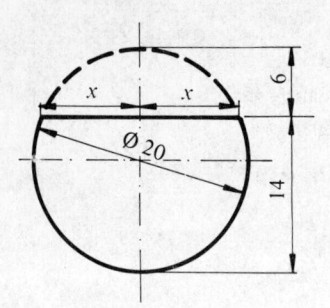

Let x = half the width of flat.

From Theorem of Chords (above):

$x \times x = 6 \times 14$

$x^2 = 84$

$x = \sqrt{84} = 9.165$ (from Square Roots page 126)

Width of flat = 18.330 mm.

2) The segmental section shown is to be machined from a circular bar. Find the diameter of bar required.

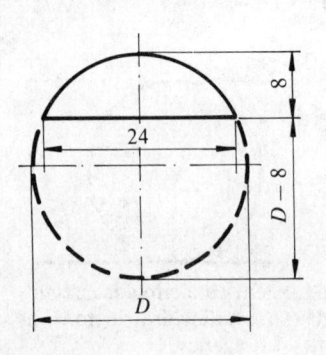

Let D = bar diameter.

$D-8$ = depth of cut.

From Theorem of Chords (above):

$8 \times (D-8) = 12 \times 12$

$8D - 64 = 144$

$8D = 144 + 64$

$8D = 208$

$D = \dfrac{208}{8} = 26$

Bar diameter = 26 mm.

3) If a 60 mm flat is to be milled on a 80 mm diameter bar what depth of cut is required?

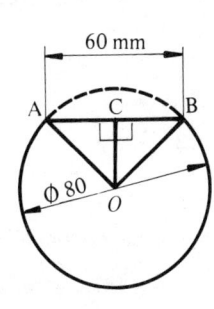

$OA = 40$ mm, $AC = 30$ mm.

From the Theorem of Pythagoras:

$$OC^2 = OA^2 - AC^2$$
$$OC^2 = 40^2 - 30^2$$
$$OC = \sqrt{40^2 - 30^2} = \sqrt{1\,600 - 900}$$
$$OC = \sqrt{700} = 26.458 \text{ (from Square Roots page 126)}$$

Depth of cut = $40 - 26.458 = \underline{13.542 \text{ mm}}$.

4) If three holes are to be spaced as shown calculate the pitch circle diameter on which these holes lie.

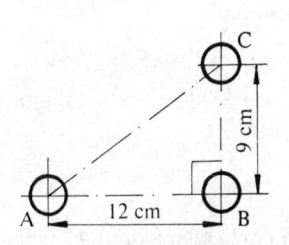

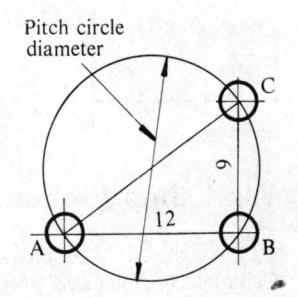

From the Theorem of Pythagoras:

$$AC^2 = AB^2 + BC^2 \quad \text{or} \quad AC = \sqrt{AB^2 + BC^2}$$

The pitch circle diameter

$$= \underline{AC} = \sqrt{12^2 + 9^2} = \sqrt{144 + 81} = \sqrt{225} = \underline{15}$$

The pitch circle diameter = 15 cm.

5) Two holes are to be drilled as shown below. Calculate the co-ordinate dimensions x and y.

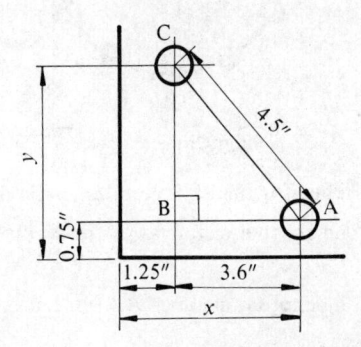

From the Theorem of Pythagoras:

$BC^2 = AC^2 - AB^2$
$BC^2 = 4.5^2 - 3.6^2$
$BC = \sqrt{20.25 - 12.96}$
$BC = \sqrt{7.29} = 2.7$

Dimension $x = 1.25 + 3.6 = \underline{4.85 \text{ inch}}$.
Dimension $y = 0.75 + 2.7 = \underline{3.45 \text{ inch}}$.

6) A rectangular bar 24 cm by 7 cm is to be milled from a circular bar. Calculate the minimum size of bar that can be used.

From the Theorem of Pythagoras:

$$AC^2 = AB^2 + BC^2$$
$$AC^2 = 24^2 + 7^2$$
$$\underline{AC} = \sqrt{576+49} = \sqrt{625} = \underline{25}$$

Minimum diameter = 25 cm.

7) Calculate the largest size of square that can be machined from a 50 mm diameter bar.

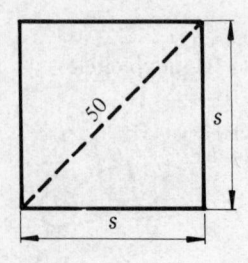

Let s = side of square.

From the Theorem of Pythagoras:
$$s^2 + s^2 = 50^2$$
$$2s^2 = 2\,500$$
$$s^2 = 1\,250$$
$$s = \sqrt{1\,250} = 35.36$$

Size of largest square = 35.36 mm × 35.36 mm.

Workshop Problem

12 holes are to be equally spaced on a pitch circle diameter of 10 inches. Calculate for checking purposes the chordal distance between:

a) 2 adjacent holes,

b) 2 alternate holes.

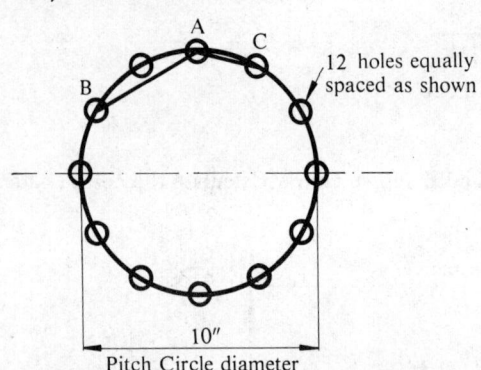

From table of chords page 44

For 2 adjacent holes chord length for 12 divisions = 0.258 819

For 2 alternate holes chord length for 6 divisions = 0.500 000

Hence for the 10 inch pitch circle diameter:

The chordal distance AC for 2 adjacent holes = 10 × 0.258 819
= <u>2.588 19 in</u>

The chordal distance AB for 2 alternate holes = 10 × 0.500 000
= <u>5.000 00 in</u>

Co-ordinate Dimensioning

Calculate the co-ordinate dimensions of the three holes shown below with reference to the axes OX and OY

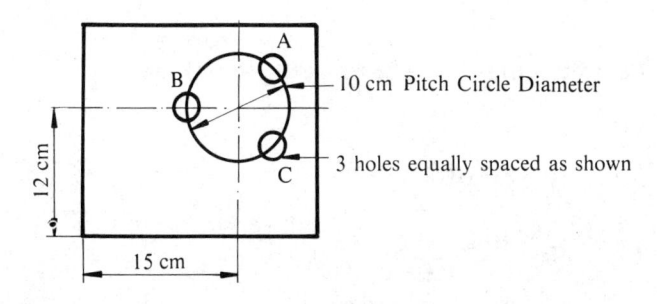

Method Diagram

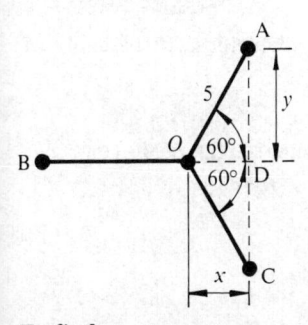

Angular spacing for three holes

$$= \frac{360°}{3} = 120°$$

The Right Angled Triangles ADO and CDO are congruent (identical)

$\left[OA = 5 \text{ cm, Let } OD = x, AD = y\right]$

To find x

$\frac{x}{5} = \cos 60°$

$x = 5 \times \cos 60° = 5 \times 0.500\,0$

$\underline{x = 2.500 \text{ cm}}$

To find y

$\frac{y}{5} = \sin 60°$

$y = 5 \times \sin 60° = 5 \times 0.866\,0$

$\underline{y = 4.330 \text{ cm}}$

Co-ordinate dimensions

12−4.330 = 7.670 cm
12+4.330 = 16.330 cm
15−2.500 = 12.500 cm
15+2.500 = 17.500 cm

Co-ordinate dimension diagram

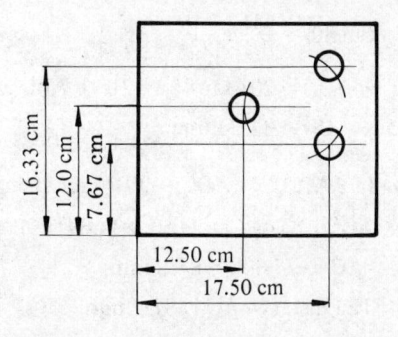

Machining of Flats on Circular Bars

The depth of cut h required when machining a flat of width b on a bar of diameter d can be found from the formula:

$$h = \frac{d-\sqrt{d^2-b^2}}{2}$$

Calculate h when $d = 81$ mm, and $b = 47$ mm

$$h = \frac{81-\sqrt{81^2-47^2}}{2}$$

$$h = \frac{81-\sqrt{6\,561-2\,209}}{2}$$

$$h = \frac{81-\sqrt{4\,352}}{2}$$

$$\underline{h} = \frac{81-65.97}{2} = \frac{15.03}{2} = \underline{7.52 \text{ mm}}$$

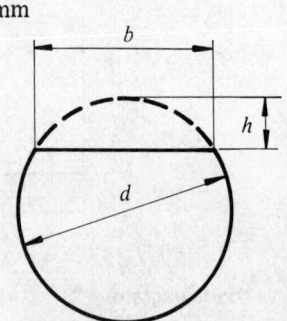

Depth of cut = 7.52 mm

A flat of width b is to be machined on a bar of diameter d. If the depth of cut is h the width of cut is given by:

$$b = 2\sqrt{h(d-h)}$$

Calculate b when $d = 150$ mm and $h = 6$ mm (see figure above).

$$b = 2\sqrt{6(150-6)} = 2\sqrt{6 \times 144} = 2 \times 12 \times \sqrt{6}$$

$$\underline{b} = 24 \times 2.45 \quad = \underline{58.8 \text{ mm}}$$

Width of cut = 58.8 mm.

Setting-out Problem

In marking out it is necessary to find the distance AC.
AB = 60 mm, BD = 20 mm and $\angle$CBD = 60°.

In $\triangle$BCD, $\angle$BDC = 90°

$\tan 60° = \dfrac{\text{CD}}{\text{BD}} = \dfrac{\text{CD}}{20}$

$\quad$ CD = 20 $\times$ tan 60° = 20 $\times$ 1.732

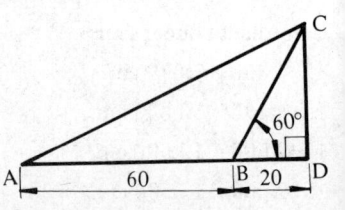

$\quad$ $\underline{\text{CD}} = \underline{34.64 \text{ mm}}$

In $\triangle$ACD, $\angle$ADC = 90° and using the Theorem of Pythagoras:

$\text{AC}^2 = \text{AD}^2 + \text{CD}^2 = 80^2 + 34.64^2 = 6\,400 + 1\,200 = 7\,600$

$\underline{\text{AC}} = \sqrt{7\,600} = \underline{87.2 \text{ mm}}$

The distance AC is 87.2 mm.

Multiples of π

x	πx	x	πx	x	πx	x	πx
1	3.141 6	14	43.982 3	25	78.539 8	37	116.239
2	6.283 2			26	81.681 4	38	119.381
3	9.424 8	15	47.123 9	27	84.823 0	39	122.522
4	12.566 4	16	50.265 5	28	87.964 6		
		17	53.407 1	29	91.106 2	40	125.664
5	15.708 0	18	56.548 7			41	128.805
6	18.849 6	19	59.690 3	30	94.247 8	42	131.947
7	21.991 1			31	97.389 4	43	135.088
8	25.132 7	20	62.831 9	32	100.531	44	138.230
9	28.274 3	21	65.973 4	33	103.673		
		22	69.115 0	34	106.814	45	141.372
10	31.415 9	23	72.256 6			46	144.513
11	34.557 5	24	75.398 2	35	109.956	47	147.655
12	37.699 1			36	113.097	48	150.796
13	40.840 7					49	153.938
						50	157.080

The table above can be used to find the circumferences of circles.

Example

1) The circumference of a circle of diameter 13 cm is 40.840 7 cm.

2) The circumference of a circle of diameter 1.3 cm $\left(1.3 = \frac{13}{10}\right)$ is

   $\frac{40.840\ 7}{10} = 4.084\ 07$ cm

3) The circumference of a circle of diameter 13.9 cm $\left(13 + \frac{1}{10} \text{ of } 9\right)$

   $= 40.840\ 7 + \frac{28.274\ 3}{10} = 40.840\ 7 + 2.827\ 43 = 43.6681$ cm

4) The circumference of a circle of diameter 156 mm $((15 \times 10) + 6)$
   $= (47.123\ 9 \times 10) + 18.849\ 6 = 471.239 + 18.849\ 6 = 490.089$ mm

Lengths of Chords for Spacing Off a Given Number of Divisions or Holes on the Circumference of a Circle with Unit Diameter

Holes or Divisions	Length of Chord	Holes or Divisions	Length of Chord	Holes or Divisions	Length of Chord
3	0.866 025	19	0.164 594	35	0.089 639
4	0.707 106			36	0.087 155
		20	0.156 434	37	0.084 805
5	0.587 785	21	0.149 042	38	0.082 579
6	0.500 000	22	0.142 314	39	0.080 466
7	0.433 883	23	0.136 166		
8	0.382 683	24	0.130 526	40	0.078 459
9	0.342 020			41	0.076 549
		25	0.125 333	42	0.074 730
10	0.309 017	26	0.120 536	43	0.072 995
11	0.281 732	27	0.116 092	44	0.071 339
12	0.258 819	28	0.111 964		
13	0.239 315	29	0.108 118	45	0.069 756
14	0.222 520			46	0.069 242
		30	0.104 528	47	0.066 792
15	0.207 911	31	0.101 168	48	0.065 403
16	0.195 090	32	0.098 017	49	0.064 070
17	0.183 749	33	0.095 056	50	0.062 790
18	0.173 648	34	0.092 268		

The above values are for circles with unit diameter. For circles of other diameters the figures given must be multiplied by the diameter.

Example

For 9 holes on a circle of diameter 15 cm the chord length is 15×0.342 020 = 5.1303 cm.

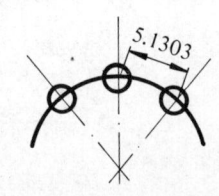

Areas of Circles

Diameters — Advancing by Tenths

Dia.	0.0	0.1	0.2	0.3	0.4	0.5	0.6	0.7	0.8	0.9
0	0.0	0.0079	0.0314	0.0707	0.1257	0.1963	0.2827	0.3848	0.5027	0.6362
1	0.7854	0.9503	1.1310	1.3273	1.5394	1.7671	2.0106	2.2698	2.5447	2.8353
2	3.1416	3.4636	3.8013	4.1548	4.5239	4.9087	5.3093	5.7256	6.1575	6.6052
3	7.0686	7.5477	8.0425	8.5530	9.0792	9.6211	10.179	10.752	11.341	11.946
4	12.566	13.203	13.854	14.522	15.205	15.904	16.619	17.349	18.096	18.857
5	19.635	20.428	21.237	22.062	22.902	23.758	24.630	25.518	26.421	27.340
6	28.274	29.225	30.191	31.172	32.170	33.183	34.212	35.257	36.317	37.393
7	38.485	39.592	40.715	41.854	43.008	44.179	45.365	46.566	47.784	49.017
8	50.266	51.530	52.810	54.106	55.418	56.745	58.088	59.447	60.821	62.211
9	63.617	65.039	66.476	67.929	69.398	70.882	72.382	73.898	75.430	76.977
10	78.540	80.118	81.713	83.323	84.949	86.590	88.247	89.920	91.609	93.313
11	95.033	96.769	98.520	100.29	102.07	103.87	105.68	107.51	109.36	111.22
12	113.10	114.99	116.90	118.82	120.76	122.72	124.69	126.68	128.68	130.70
13	132.73	134.78	136.85	138.93	141.03	143.14	145.27	147.41	149.57	151.75
14	153.94	156.14	158.37	160.61	162.86	165.13	167.42	169.72	172.03	174.37
15	176.71	179.08	181.46	183.85	186.26	188.69	191.13	193.59	196.07	198.56
16	201.06	203.58	206.12	208.67	211.24	213.82	216.42	219.04	221.67	224.32
17	226.98	229.66	232.35	235.06	237.79	240.53	243.28	246.06	248.85	251.65
18	254.47	257.30	260.16	263.02	265.90	268.80	271.72	274.65	277.59	280.55
19	283.53	286.52	289.53	292.55	295.59	298.65	301.72	304.80	307.91	311.03
20	314.16	317.31	320.47	323.65	326.85	330.06	333.29	336.54	339.79	343.07
21	346.36	349.67	352.99	356.33	359.68	363.05	366.44	369.84	373.25	376.68
22	380.13	383.60	387.08	390.57	394.08	397.61	401.15	404.71	408.28	411.87
23	415.48	419.10	422.73	426.38	430.05	433.74	437.44	441.15	444.88	448.63
24	452.39	456.17	459.96	463.77	467.59	471.44	475.29	479.16	483.05	486.95
25	490.87	494.81	498.76	502.73	506.71	510.71	514.72	518.75	522.79	526.85
26	530.93	535.02	539.13	543.25	547.39	551.55	555.72	559.90	564.10	568.32
27	572.56	576.80	581.07	585.35	589.65	593.96	598.28	602.63	606.99	611.36
28	615.75	620.16	624.58	629.02	633.47	637.94	642.42	646.92	651.44	655.97
29	660.52	665.08	669.66	674.26	678.87	684.49	688.13	692.79	697.47	702.15
30	706.86	711.58	716.31	721.07	725.83	730.62	735.42	740.23	745.06	749.91
31	754.77	759.65	764.54	769.45	774.37	779.31	784.27	789.24	794.23	799.23
32	804.25	809.28	814.33	819.40	824.48	829.58	834.69	839.82	844.96	850.12
33	855.30	860.49	865.70	870.92	876.16	881.41	886.68	891.97	897.27	902.59
34	907.92	913.27	918.63	924.01	929.41	934.82	940.25	945.69	951.15	956.62
35	962.11	967.62	973.14	978.68	984.23	989.80	995.38	1000.98	1006.6	1012.2
36	1017.9	1023.5	1029.2	1034.9	1040.6	1046.3	1052.1	1057.8	1063.6	1069.4
37	1075.2	1081.0	1086.9	1092.7	1098.6	1104.5	1110.4	1116.3	1122.2	1128.2
38	1134.1	1140.1	1146.1	1152.1	1158.1	1164.2	1170.2	1176.3	1182.4	1188.5
39	1194.6	1200.7	1206.9	1213.0	1219.2	1225.4	1231.6	1237.9	1244.1	1250.4
40	1256.6	1262.9	1269.2	1275.6	1281.9	1288.2	1294.6	1301.0	1307.4	1313.8
41	1320.3	1326.7	1333.2	1339.6	1346.1	1352.7	1359.2	1365.7	1372.3	1378.9
42	1385.4	1392.0	1398.7	1405.3	1412.0	1418.6	1425.3	1432.0	1438.7	1445.5
43	1452.2	1459.0	1465.7	1472.5	1479.3	1486.2	1493.0	1499.9	1506.7	1513.6
44	1520.5	1527.5	1534.4	1541.3	1548.3	1555.3	1562.3	1569.3	1576.3	1583.4
45	1590.4	1597.5	1604.6	1611.7	1618.8	1626.0	1633.1	1640.3	1647.5	1654.7
46	1661.9	1669.1	1676.4	1683.7	1690.9	1698.2	1705.5	1712.9	1720.2	1727.6
47	1734.9	1742.3	1749.7	1757.2	1764.6	1772.1	1779.5	1787.0	1794.5	1802.0
48	1809.6	1817.1	1824.7	1832.2	1839.8	1847.5	1855.1	1862.7	1870.4	1878.1
49	1885.7	1893.4	1901.2	1908.9	1916.7	1924.4	1932.2	1940.0	1947.8	1955.6
50	1963.5	1971.4	1979.2	1987.1	1995.0	2003.0	2010.9	2018.9	2026.8	2034.8

Example

1) Area of circle of 18.6 mm diameter = 271.72 mm^2

2) Area of circle of 89 cm diameter is found by multiplying the area of a circle of 8.9 cm by 100 ·((89 = 8.9×10). Area = 62.211×100 = 6 221.1 cm^2

Note: The area of a circle is proportional to the square of the diameter and therefore the area must be multiplied by 100 if the diameter is multiplied by 10.

3) Area of circle of 167 mm diameter.

   Diameter = 16.7×10   Area = 219.04×100 = 21 904 mm^2

Slip Gauges

Slip gauges are hardened and ground rectangular blocks of metal, lapped to specified precise dimensions between opposite faces. Calibrated sets are manufactured to both imperial and metric sizes and may be combined or built up to provide a precise measurement for checking or setting out of any required dimension. Slip gauge accessories are also used, for example: precision height gauges, trammels, inside and outside caliper gauges; these can be used for small production batches.

To maintain the maximum degree of accuracy it is important that
a) the minimum number of slips are used,
b) the measuring faces are clean,
c) the individual gauges are *wrung* together. They are classified according to a guaranteed degree of accuracy. B.S. 4311: 1968 provides five grades of accuracy for metric slip gauges.

Example

An adjustable gap gauge is required to be set to a dimension of 14.255 mm. Find the combination of slip gauges to check this dimension from the 88 piece metric set shown.

sizes (mm)					No of gauges
1.000 5					1
1.001	to	1.009	by 0.001	steps	9
1.01	to	1.49	by 0.01	steps	49
0.5	to	9.5	by 0.5	steps	19
10.0	to	100.0	by 10.0	steps	10

Hint: always select the first gauge by starting with the last figure on the right hand side of the dimension.

Gauge size	Remainder
1.005	13.250
1.250	12.000
2.000	10.000
10.000	
14.255 mm	

Slip gauges required: 1.005, 1.250, 2.000, 10.000.

Example

An imperial 35 piece set of slip gauges consists of the gauge pieces shown.

sizes (inch)				No of gauges
0.05				1
0.100 25	to 0.100 75	by 0.000 25	steps	3
0.101	to 0.109	by 0.001	steps	9
0.11	to 0.190	by 0.01	steps	9
0.10	to 0.90	by 0.10	steps	9
1.0	to 4.0	by 1.0	steps	4

Exercise

Make up suitable sets of slip gauges to check the dimensions shown.

	a)	1.036	Gauge size	b)	4.562 5	Gauge size
			0.106			0.100 5
			0.13			0.102
			0.8			0.16
			——			0.5
			1.036			0.7
						3.0
						——
						4.562 5

Sine Bar and Slip Gauge Calculations

A sine bar is a hardened and ground steel bar with two equal hardened and ground rollers attached at a precise centre distance. Five standard sizes of metric sine bars are available, at 100, 150, 200, 250 and 300 mm roller centre distances, and two standard sizes for the Imperial Unit sine bar are available at 5 inch and 10 inch roller centres.

By using a calculated height of slip gauges under one of the rollers any required angle can be set up to a high degree of accuracy. Sine tables and sine centres are also available for further inspection, marking out and finish machining processes.

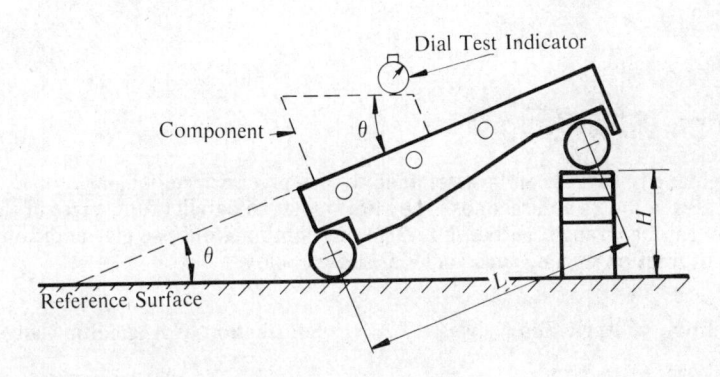

To calculate the height of slip gauges required for a given angle use the result

$$\sin \theta = \frac{H}{L}$$

or $\quad H = L \times \sin \theta$

Where H = height of slip gauges, L = size of sine bar, θ = angle required.

When a high degree of accuracy is essential then 7 figure mathematical tables are recommended to obtain a more accurate value of the natural sines.

Example

1) Calculate the slip gauges required to give an angle of $21°\,32'$ when using a 200 mm sine bar with:

    a) 4 figure mathematical tables,

    b) 7 figure mathematical tables.

a)	With 4 figure mathematical tables	Gauge size mm	1.4
	$H = L \times \sin\theta = 200 \times \sin 21°\,32'$		2.0
			70.0
	$\underline{H} = 200 \times 0.367\,0 = \underline{73.40\text{ mm}}$		73.4 mm

b)	With 7 figure mathematical tables	Gauge size	1.000 5
	$\underline{H} = L \times \sin\theta = 200 \times 0.367\,042\,5 = \underline{73.408\,5\text{ mm}}$		1.008
			1.40
			70.0
			73.408 5 mm

2) Calculate the setting with slip gauges of a 10 inch sine bar to measure an angle of $29°\,50'$. Use 4 figure mathematical tables.

	Gauge size in	0.105
Height of slip gauges $\quad H = L \times \sin\theta$		0.17
$\quad\quad\quad\quad\quad\quad\quad\quad\quad = 10 \times 0.497\,5$		0.70
		4.00
$\quad\quad\quad\quad\quad\quad\quad\quad\quad = \underline{4.975\text{ in}}$		4.975 in

Angle Slip Gauges

Angular slip gauges can be assembled to give precise specified angles in degrees, minutes and seconds. They are similar to parallel slip gauges in that they can be wrung together, but different combinations can give addition or subtraction of the gauge angles as shown below.

Addition of Angle Slip Gauges

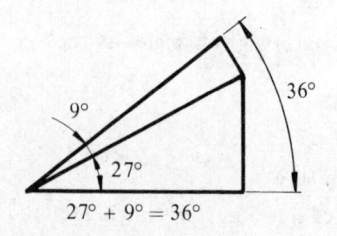

$27° + 9° = 36°$

Subtraction of Angle Slip Gauges

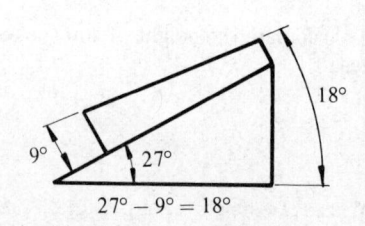

$27° - 9° = 18°$

Example

1) Select the angle gauges and the combinations required from the twelve piece set detailed below, to give the following angles:

a) $12°\,30'$

b) $26°\,56'\,36''$

12 Piece Set of Angle Gauges							
Degrees (°)	1	3	9	27	41		
Minutes (')	0.1	0.3	0.5	1	3	9	27

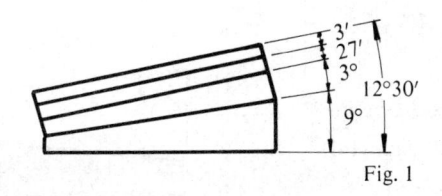

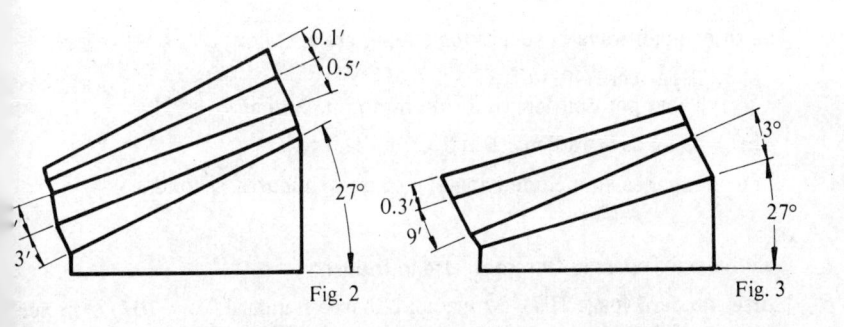

Fig. 1

Fig. 2

Fig. 3

a) Angle $12°\,30' = 9° + 3° + 27' + 3'$

Angle gauges required $9°$, $3°$, $27'$, $3'$, arranged as detailed in figure 1 above.

b) Angle $26°\,56'\,36''$ must be written in degrees, minutes and decimals of a minute.

$$36'' = \frac{36}{60} = 0.6 \text{ minutes}$$

Angle $26°\,56.6' = 27° - 3' - 1' + 0.5' + 0.1'$ angle gauges

Angle gauges required = $27°$, $3'$, $1'$, $0.5'$, $0.1'$ arranged as in Fig. 2 above.

2) Determine the angle provided by the combination of angle gauges shown in Fig. 3 above.

Angle gauge combination gives an angle of

$$27° + 3° - 9' - 0.3' = 29°\,50.7' = 29°\,50'\,42''$$

Taper Calculations

Taper can be expressed as:

$$\text{taper} = \frac{\text{reduction in end diameters}}{\text{length of taper measured parallel to the axis}}$$

$$\text{taper} = \frac{D - d}{L}$$

where D = large diameter
d = small diameter
L = length

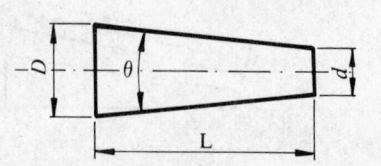

The three main ways of specifying a taper are as follows:

a) Taper per foot, in/ft,
Taper per unit length, in/in, mm/mm, cm/cm.

b) Taper as a gradient, 1 in 20, 7 in 24, etc.

c) Taper as an included angle in degrees, minutes, seconds.

Commercial Tapers in Common Use in Industry

Morse standard (page 107), Brown and Sharpe standard (page 107), $\frac{3}{4}$ in per Taper pin standard $\frac{1}{4}$ in per ft, percentage tapers 5% (5 in 100).

The taper angle is the total taper included angle.

Tangent of half the included angle = Half the taper per unit length

$$\text{Tan} \tfrac{1}{2}\theta = \tfrac{1}{2} \text{ taper per unit length}$$

Note: Total taper angle θ is twice the $\tfrac{1}{2}\theta$ angle *not* twice the tangent.

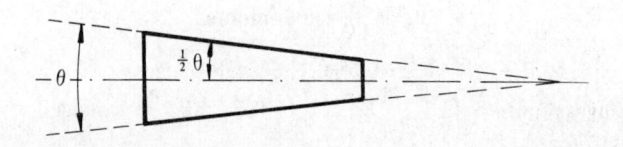

Example

1) The following tapers are given in inches per foot. What are the equivalent tapers per unit length, stated in inch/inch.

a) $\frac{1}{4}$ in/ft   b) $\frac{3}{4}$ in/ft   c) Morse No. 4

a) Taper in inch per inch = $\frac{1}{4} \div 12 = \frac{1}{4} \times \frac{1}{12} = \frac{1}{48}$ = 0.020 83 (from Table of Reciprocals page 130)

$$\frac{1}{4} \text{ in/ft} = \underline{0.020\ 83 \text{ in/in}}$$

b) Taper in inch per inch = $\frac{3}{4} \div 12 = \frac{3}{4} \times \frac{1}{12} = \frac{1}{16}$ = 0.062 5

$$\frac{3}{4} \text{ in/ft} = \underline{0.062\ 5 \text{ in/in}}$$

c) From table page 107 Morse No. 4 = 0.623 26 in/ft

$$\underline{\text{Taper in inch per inch}} = \frac{0.623\ 26}{12} = \underline{0.051\ 94} \text{ (to 5 decimal places)}$$

Morse No. 4 = 0.051 94 in/in

2) Express the following tapers per unit length, stated in mm/mm.
   a) 1 in 20
   b) 7 in 24

a) 1 in 20 means a taper of 1 mm in 20 mm, or $\frac{1}{20}$ mm in 1 mm.

$$\underline{1 \text{ in } 20 = 0.05 \text{ mm/mm}}$$

b) 7 in 24 means a taper of 7 mm in 24 mm, or $\frac{7}{24}$ mm in 1 mm.

$$\underline{7 \text{ in } 24 = 0.291\ 67} \text{ (to 5 decimal places)}$$

```
         0.291 67
      24│7.000 00
         48
         ──
         220
         216
         ───
          40
          24
          ──
          160
          144
          ───
          160
```

3) A taper plug 8 inch long has end diameters of 3 inch and $2\frac{9}{16}$ inch. Calculate the taper per inch and the taper per foot.

Taper per inch = $\frac{D-d}{L}$, $D = 3$ in, $d = 2\frac{9}{16}$ in, $L = 8$ in

Taper per inch = $\dfrac{3 - 2\frac{9}{16}}{8} = \dfrac{\frac{7}{16}}{8} = \dfrac{7}{16} \times \dfrac{1}{8} = \dfrac{7}{128} = 0.054\ 69$ in

$\underline{\text{Taper per foot}} = \dfrac{7}{128} \times \dfrac{12}{1} = \dfrac{21}{32} = \underline{0.656\ 25 \text{ in}}$

4) If a 35 mm diameter shaft is tapered 1 in 20 as shown. What is the small end diameter?

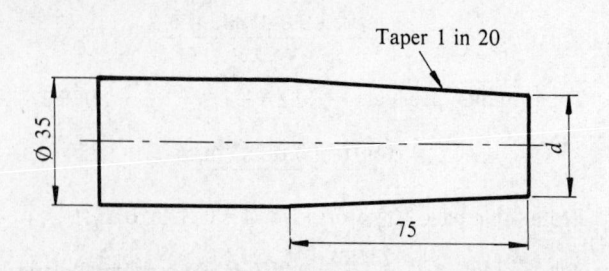

Taper per unit length = $\frac{1}{20}$ mm per mm

Total taper in 75 mm = $75 \times \frac{1}{20}$ = 3.75 mm

Small end diameter d = 35 mm − total taper

= 35 − 3.75 = 31.25 mm

Small end diameter = 31.25 mm

5) A 1 inch diameter bar is reduced to $\frac{5}{8}$ inch diameter by a uniform taper of 1 in 10. Find the length of the tapered bar.

Taper is 1 inch in 10 inch and hence the taper per unit length is $\frac{1}{10}$ inch per inch.

Total taper = $1 - \frac{5}{8} = \frac{3}{8}$ in

Length L = $\frac{\text{Total taper}}{\text{Taper per unit length}}$

= $\frac{3}{8} \div \frac{1}{10} = \frac{3}{8} \times \frac{10}{1} = \frac{30}{8}$

Length L = $3\frac{3}{4}$ inches.

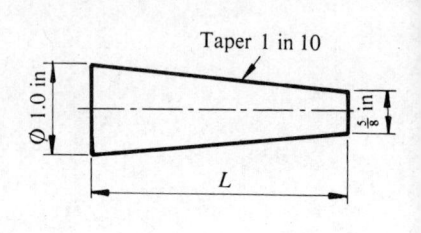

6) Find the taper per unit length (mm/mm) and the corresponding taper angle for a 5% taper.

$5\% = \frac{5}{100}$ which means 5 in 100 taper, taper in mm/mm = $\frac{5}{100}$ in 1

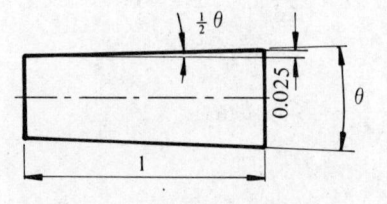

= 0.05 mm/mm

Tangent of half taper angle = $\frac{0.025}{1}$

= 0.025

$\frac{1}{2}\theta = 1°26'$ (from tangent tables)

Taper angle $\theta = 2°52'$.

7) Convert a taper of $\frac{1}{2}$ in/ft to a taper angle in degrees and minutes.

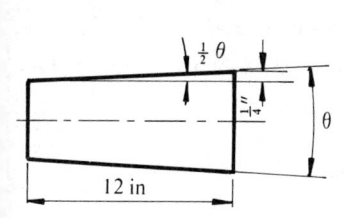

$\dfrac{\frac{1}{4}}{12}$ = tangent of half the taper angle

$\tan \tfrac{1}{2}\theta = \dfrac{1}{4} \times \dfrac{1}{12} = \dfrac{1}{48}$

$\tan \tfrac{1}{2}\theta = 0.020\,83$ (from the table of reciprocals page 130)

$\tfrac{1}{2}\theta = 1°12'$ (from tangent tables page 138)

Taper angle $\theta = 2°24'$.

8) A quick release taper is given as 7 in 24. Calculate the corresponding taper angle.

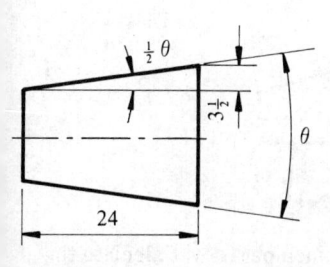

$\tan \tfrac{1}{2}\theta = \dfrac{3\frac{1}{2}}{24} = \dfrac{7}{2} \times \dfrac{1}{24} = \dfrac{7}{48} = 0.145\,83$

$\tfrac{1}{2}\theta = 8°18'$

Taper angle $\theta = 16°36'$.

Taper Turning Calculations

The three main methods of turning tapers on a lathe are:

1) Setting over the tailstock (only suitable when the work is mounted on centres and long tapers are required).

2) By the use of a compound slide.

3) By the use of a taper turning attachment.

Setting over the Tailstock

Tailstock offset = $\frac{1}{2}$ Taper per unit length × length between centres.

$x = \frac{1}{2}$ Taper per unit length × L

Taper per unit length = $\frac{2x}{L}$

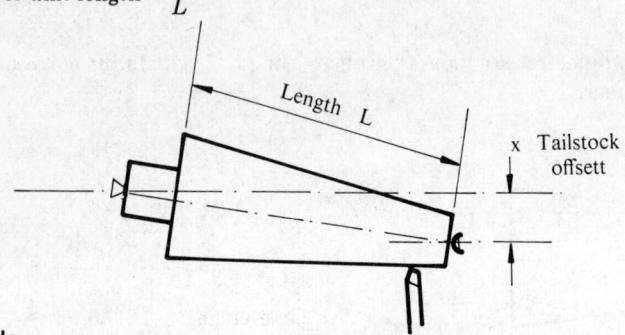

Example

1) A shaft 15 inch long is to be tapered, $\frac{1}{4}$ inch per foot. Calculate the offset required.

Taper per unit length = $\frac{1}{4}$ inch in 12 inch = $\frac{1}{48}$ inch in 1 inch diameter

Tailstock offset = $\frac{1}{2}$ taper per unit length × L

$$= \frac{1}{96} \times 15 = \frac{5}{32} \text{ inch}$$

2) Find the tailstock set over to turn an angle of 5° as shown in the figure, also state the taper per unit length.

To convert 5° taper angle to taper per unit length.

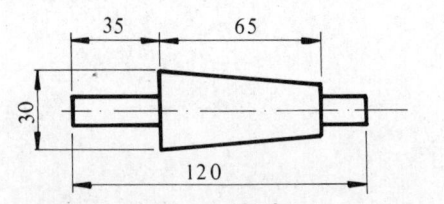

Half taper in 65 mm is y.

$\frac{y}{65} = \tan \frac{1}{2}\theta = \tan 2\frac{1}{2}°$

$y = 65 \times 0.043\ 7 = 2.840\ 5$

Half taper is 2.840 5 mm in 65 mm

$\frac{1}{2}$ taper per unit length = $\frac{2.840\ 5}{65}$ mm/mm = 0.043 7 mm/mm

0.043 7 mm/mm = tangent of $\frac{1}{2}$ of taper angle

Offset = $\frac{1}{2}$ taper per unit length × L = 0.043 7 × 120 = 5.244 mm.

Taper per unit length = 0.043 7 × 2 = 0.087 4.

Taper Checking and Other Examples

1) The included angle of an internal taper component is measured by using the two-ball method as shown. Calculate the included angle of the taper.

The included angle of the taper is:
$$2 \times \angle EBA$$
$$AB = FG - AG - HF + HB$$
$$AB = 280 - 37.5 - 64 + 25 = 203.5 \text{ mm}$$
In $\triangle EBA$, $AB = 203.5$ mm

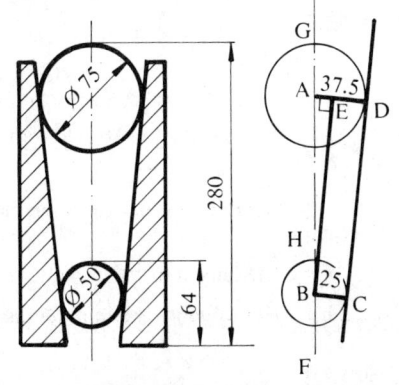

$EA = AD - BC = 37.5 - 25 = 12.5$ mm

Since $\angle AEB = 90°$, $\sin \angle EBA = \dfrac{EA}{AB} = \dfrac{12.5}{203.5}$

$\sin \angle EBA = 0.614\,2$
$\angle EBA = 3° 31'$

	Number	Logarithm
	12.5	1.096 9
	203.5	2.308 6
	0.061.42	$\overline{2.788\,3}$

Included angle of the taper = $2 \times 3° 31' = 7° 2'$.

2) An arrangement for checking the dimensions of a dovetail slide is shown. Each roller is 50 mm in diameter. Calculate the dimension x.

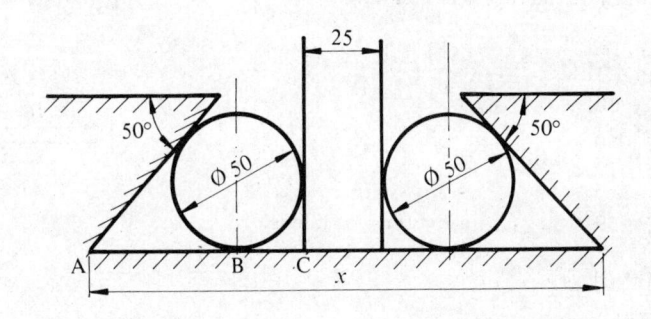

Consider the detail diagram.

In $\triangle AOB$, $\angle ABO = 90°$, $\angle DAB = 50°$
and hence $\angle OAB = 25°$

$$\tan 25° = \dfrac{OB}{AB} = \dfrac{25}{AB}$$

and therefore $AB = \dfrac{25}{\tan 25°} = \dfrac{25}{0.466\,3}$

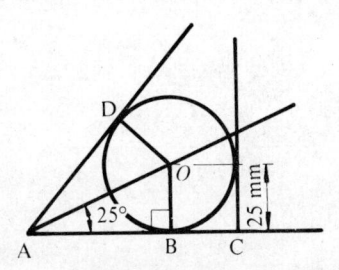

(Note: $\dfrac{25}{0.466\,3} = \dfrac{100}{1.865\,2} = \dfrac{1}{0.018\,65} = 53.62$ from the reciprocal tables)

$$AB = \underline{53.62 \text{ mm}}$$

$$x = 25+2 \times AC = 25+2 \times (AB+BC)$$
$$x = 25+2 \times (53.62+25)$$
$$x = 25+2 \times 78.62 = 182.24$$
$$\underline{x = 182.24 \text{ mm.}}$$

3) The tapered hole has to be reamed. Calculate:

   a) the length of the face x

   b) the value of the included angle

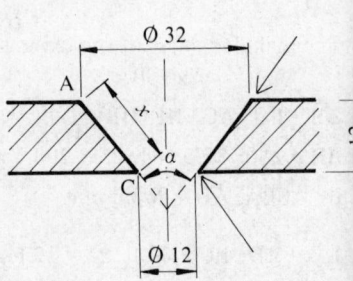

a) In $\triangle ABC$,
$$AB = (32-12) \div 2$$
$$= 10 \text{ mm}$$
$$BC = 12 \text{ mm}$$

Using the Theorem of Pythagoras on $\triangle ABC$,
$$\angle ABC = 90°$$
$$AC^2 = AB^2 + BC^2$$
$$x^2 = 10^2 + 12^2 = 100+144$$
$$\underline{x = \sqrt{244} = 15.62}$$

The length of the face x is 15.6 mm.

b) In $\triangle ABC$,
$\angle ABC = 90°$

$$\tan\frac{\alpha}{2} = \frac{10}{12} = 0.833\,3$$

$\dfrac{\alpha}{2} = 39°\,48'$ (from the tangent tables)

$\underline{\alpha = 79°\,36'}$

Included taper angle = $\underline{79°36'}$.

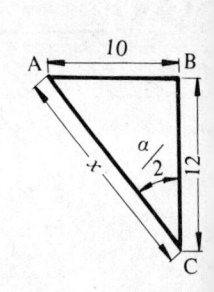

Spindle Speeds and Cutting Speeds for Lathe Work, Milling, Drilling and Grinding

Cutting speed is the speed at which material is removed from the work piece during a cutting operation. Typical cutting speeds are shown on page 80.

$$\text{Cutting speed} = \pi \times (\text{work or cutter diameter}) \times (\text{spindle or cutter rev/min})$$

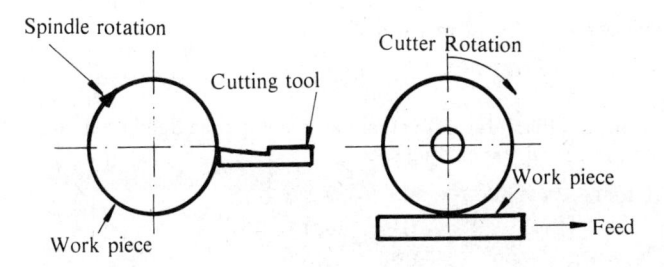

	Metric Units	Imperial Units
S = cutting speed	m/min	ft/min
D = work or cutter diameter	mm	inches
N = spindle or cutter speed	rev/min	rev/min

Imperial Formulae   **Metric Formulae**

$$S = \frac{\pi DN}{12} \quad \text{and} \quad N = \frac{12 S}{\pi D} \qquad S = \frac{\pi DN}{1\,000} \quad \text{and} \quad N = \frac{1\,000 S}{\pi D}$$

Lathe Work

Example

1) A 3 inch diameter bar is being machined on a lathe at 150 rev/min. Find the cutting speed.

D = 3 inch, N = 150 rev/min

$$S = \frac{\pi DN}{12} = \frac{\pi \times 3 \times 150}{12} = 37.5\pi$$

(From tables of multiples of π page 43)
$$37.5\pi = 116.239 + 1.570\,8 = 117.8)$$
Cutting speed S = 117.8 ft/min.

2) Calculate a suitable spindle speed for finish turning a 45 mm diameter mild steel bar at a cutting speed of 180 m/min

$S = 180$ m/min, $D = 45$ mm

$$N = \frac{1\,000 \times 180}{\pi \times 45} = \frac{4\,000}{\pi}$$

(From table of reciprocals page 130 $\frac{1}{\pi} = 0.318\,3$ and hence

$$\frac{4\,000}{\pi} = 4\,000 \times 0.318\,3)$$

Spindle speed N = 1 273 rev/min

3) A 50 mm diameter mild steel bar is being machined on a lathe at 300 rev/min. Find the cutting speed.

$D = 50$ mm, $N = 300$ rev/min

$$S = \frac{\pi D N}{1\,000} = \frac{\pi \times 50 \times 300}{1\,000} = 15\pi$$

(From tables of multiples of π, page 43 $15\pi = 47.124$)

Cutting speed $S = 47$ m/min.

4) A mild steel bar 2 inch diameter is to be turned. If the lathe spindle speeds are 45, 80,   110,   190,   250,   400,   600,   and   1 000 rev/min, which spindle speed should be chosen for a cutting speed of 90 ft/min?

$D = 2$ inch, $S = 90$ ft/min

$$N = \frac{12S}{\pi D} = \frac{12 \times 90}{\pi \times 2} = \frac{540}{\pi} = 172$$

(From table of reciprocals page 130 $\frac{1}{\pi} = 0.318\,3$, $540 \times 0.318\,3 = 171.88$

Spindle speed should be less than 172, that is spindle speed should be 110 rev/min.

Table Feed Rates
Milling

$$\text{table feed rate} = \text{number of teeth in cutter} \times \text{feed per tooth} \times \text{cutter spindle speed}$$

	Metric Units	Imperial Units
Table feed rate	mm/min	in/min
Feed per tooth	mm/tooth	in/tooth
Cutter spindle speed	rev/min	rev/min

Example

1) A milling cutter 100 mm diameter has 12 teeth. Calculate the table feed rate for a spindle speed of 80 rev/min and a cutter feed rate of 0.20 mm per tooth.

Number of teeth in cutter = 12
Feed per tooth = 0.20 mm/tooth
Cutter spindle speed = 80 rev/min

Using the above formula,

Table feed rate = 12×0.20×80 = 12×16

Table feed rate = 192 mm/min

2) Calculate a suitable speed and feed for a $3\frac{1}{2}$ inch spiral mill with 18 teeth to operate with a cutting speed of 70 ft/min and a feed of 0.008 in/tooth

Number of teeth in cutter = 18
Feed per tooth = 0.008 in/tooth
Cutter spindle speed = 76 rev/min

(Cutter spindle speed = $\dfrac{12S}{\pi D}$

$= \dfrac{12 \times 70}{\pi \times 3\frac{1}{2}}$

= 76 rev/min)

Using the above formula,

Table feed rate = 18×0.008×76 = 0.144×76

Table feed rate = 10.9 in/min

Cutting Times

$$Cutting\ time\ (seconds) = \frac{length\ of\ cut \times 60}{table\ feed\ rate}$$

$$T = \frac{60L}{F_r}$$

	Metric Units	Imperial Units
T = cutting time	sec	sec
L = length of cut	mm	in
F_r = table feed rate	mm/min	in/min

Example

1) A slab mill is used to mill a plane surface 200 mm in length, at a table feed rate of 125 mm/min. Calculate the cutting time.

L = 200 mm, F_r = 125 mm/min.

$$T = \frac{60L}{F_r} = \frac{60 \times 200}{125} = 96\ sec$$

Cutting time = 96 sec.

2) A face milling cutter is required to have a table feed rate of 9 in/min, if the length of cut required is to be 18 inch. Calculate the cutting time.

L = 18 in, F_r = 9 in/min

$$T = \frac{60L}{F_r} = \frac{60 \times 18}{9} = 120\ sec$$

Cutting time = 120 sec.

Metal Removal Rate

This gives the volume of metal removed during the cutting operation in a given time and depends on the depth of cut, rate of feed and the power available.

$$\text{metal removal rate} = \frac{\text{volume of metal removed}}{\text{time taken}}$$

Turning, Shaping and Planing

	Metric Units	Imperial Units
M = metal removal rate	mm³/min	in³/min
F = feed rate	mm/rev (mm/stroke)	in/rev (in/stroke)
S = cutting speed	m/min	ft/min
d = depth of cut	mm	in

Note: for turning the feed is in mm/rev (in/rev) but for shaping and planing the feed is in mm/stroke (in/stroke).

Metric Formula　　　　　　　　　　**Imperial Formula**

$$M = F \times d \times S \times 1\,000 \qquad M = F \times d \times S \times 12$$

Example

1) A 45 mm diameter bar is being turned at 250 rev/min. If the depth of cut is 5 mm with a feed rate of 0.05 mm/rev, calculate the rate of metal removal. (Hint: find the cutting speed first, based on the mean diameter of the cut.)

D = 45−5 = 40 mm,　　N = 250 rev/min

$$S = \frac{\pi D N}{1\,000} \qquad S = \frac{\pi \times 40 \times 250}{1\,000}$$

$S = 10\pi$ = 31 m/min (to the nearest whole number)

F = 0.05 mm/rev,　　d = 5 mm,　　S = 31 m/min,

$$M = F \times d \times S \times 1\,000$$

Metal removal rate,

$$\underline{M} = 0.05 \times 5 \times 31 \times 1\,000 = 0.25 \times 31\,000 = \underline{7\,750 \text{ mm}^3/\text{min}}.$$

2) Find the metal removal rate on a shaping operation where the cutting speed is 80 ft/min with a feed rate of 0.08 in/stroke if the depth of cut is to be 0.15 inch.

$F = 0.08$ in/stroke, $\quad d = 0.15$ in, $\quad S = 80$ ft/min

$$M = F \times d \times S \times 12$$

Metal removal rate,

$$\underline{M} = 0.08 \times 0.15 \times 80 \times 12 = 0.012 \times 960 = \underline{11.52 \text{ in}^3 \text{ per min}}$$

When only the volume of metal to be removed and the cutting times are given, the metal removal can be calculated from:

$$\textit{metal removal rate} = \frac{60 \times \textit{volume of metal removed}}{\textit{time taken}}$$

$$M = \frac{60V}{T}$$

	Metric Units	Imperial Units
M = metal removal rate	mm³/min	in³/min
V = volume of metal to be removed	mm³	in³
T = cutting time	sec	sec

Example

A mild steel block is to be shaped with a 4 mm depth of cut. If the top surface measures 150 mm long by 40 mm wide and the cutting time is not to exceed 150 sec, calculate the metal removal rate.

$V = 150 \times 40 \times 4 = 24\,000$ mm³, $\quad T = 150$ sec,

$$M = \frac{60V}{T}$$

Metal removal rate $\underline{M = \frac{60 \times 24\,000}{150} = 9\,600 \text{ mm}^3/\text{min}.}$

Drilling

$$M = F \times A \times N$$

	Metric Units	Imperial Units
M = metal removal rate	mm³/min	in³/min
A = area of cut = $\frac{\pi}{4} \times$ drill diameter²	mm²	in²
F = feed	mm/rev	in/rev
N = drill spindle speed	rev/min	rev/min

Example

Find the metal removal rate when drilling a 10 mm diameter hole at a cutting speed of 30 m/min with a feed rate of 0.25 mm/rev. (Hint: find the spindle speed first.)

D = 10 mm, F = 0.25 mm/rev

$$A = \frac{\pi}{4} \times 10^2 = 25\pi = 78.54 \text{ mm}^2 \quad \text{(Multiples of } \pi \text{ page 43)}$$

S = 30 m/min

$$\underline{N} = \frac{1\,000}{\pi D} S = \frac{1\,000 \times 30}{\pi \times 10} = \frac{3\,000}{\pi} = \underline{955 \text{ rev/min}}$$

Metal removal rate $M = F \times A \times N = 0.25 \times 78.54 \times 955 = \underline{18\,750 \text{ mm}^3/\text{min}}$.

Milling

$$M = F_r \times d \times w$$

	Metric Units	Imperial Units
M = metal removal rate	mm³/min	in³/min
F_r = table feed rate	mm/min	in/min
d = depth of cut	mm	in
w = width of cutter	mm	in

Example

A spiral milling cutter 4 inch wide is taking a cut 0.15 inch deep with a feed of 5 in/min. Calculate the metal removal rate.

F_r = 5 in/min, d = 0.15 in, w = 4 in

$$M = F_r \times d \times w$$

Metal removal rate $M = 5 \times 0.15 \times 4 = 20 \times 0.15 = \underline{3.0 \text{ in}^3/\text{min}}$.

Cutting Times and Feeds

Turning and Drilling

Feed is the traverse movement of the tool across the work piece during the cutting operation and is usually expressed as:

a) the feed in inches per revolution or mm per revolution,
b) the number of feed cuts per inch or mm.

To convert the number of feed cuts per inch to feed rate in inches/rev

$$\text{feed rate (inches/rev or mm/rev)} = \frac{I}{\text{number of feed cuts per inch or mm}}$$

$$\text{cutting time (sec)} = \frac{\text{length of cut}}{\text{feed rate}} \times \frac{60}{\text{rev/min}}$$

$$\text{feed rate (inches/rev or mm/rev)} = T = \frac{60L}{NF} \quad F = \frac{60L}{TN}$$

	Metric Units	Imperial Units
T = cutting time	sec	sec
L = length of cut	mm	in
N = spindle speed	rev/min	rev/min
F = feed rate	mm/rev	in/rev

Example

1) A bar is turned 15 mm diameter for a length of 50 mm using a spindle speed of 650 rev/min and a feed of 0.25 mm/rev. Calculate the cutting time of the operation in seconds.

L = 50 mm, N = 650 rev/min, F = 0.25 mm/rev

$$T = \frac{60L}{NF}$$

$$\text{Cutting time } T = \frac{60 \times 50}{650 \times 0.25} = \frac{300}{16.25} = 18.46 \text{ sec}$$

2) A bar is turned 2.0 inches in diameter for a length of 8.0 inches, if the recommended cutting speed is 100 ft/min, find the time taken with one roughing cut at 0.020 in/rev and one finishing cut at 0.010 in/rev.

Required spindle speed $N = \dfrac{12S}{\pi D}$, $S = 100$ ft/min, $D = 2.0$ in

$$\underline{\text{Spindle speed } N} = \frac{12 \times 100}{\pi \times 2} = \frac{600}{\pi} = \underline{191 \text{ rev/min}}$$

Time for one roughing cut, $L = 8.0$ in, $F = 0.02$ in/rev, $N = 191$ rev/min

$$\underline{\text{Time } T} = \frac{60L}{NF} = \frac{60 \times 8.0}{191 \times 0.02} = \frac{24\,000}{191} = \underline{125.65 \text{ sec}}$$

Time for one finishing cut, $L = 8.0$ in, $N = 191$ rev/min, $F = 0.010$ in/rev

$$\underline{\text{Time } T} = \frac{60 \times 8.0}{191 \times 0.010} = \frac{60 \times 800}{191} = \frac{48\,000}{191} = \underline{251.30 \text{ sec}}$$

$\underline{\text{Total time taken}}$ = 125.65 + 251.30 = 377 sec   (to nearest whole number)
$\phantom{\text{Total time taken}} = \underline{6 \text{ min } 17 \text{ sec.}}$

Shaping and Planing

$$\boxed{\textit{cutting time} = \frac{\textit{width of cut}}{\textit{stroke speed} \times \textit{feed rate}}}$$

$$\boxed{T = \frac{60w}{nF}}$$

	Metric Units	Imperial Units
n = stroke speed	strokes/min	strokes/min
w = width of cut	mm	in
F = feed rate	mm/stroke	in/stroke

Example

A plane surface 200 mm wide is shaped at 50 strokes/min using a rate of feed of 2 mm/stroke. Calculate the cutting time.

$w = 200$ mm, $\quad F = 2$ mm/stroke, $\quad n = 50$ strokes/min,

$$T = \frac{60 \times w}{n \times F}$$

Cutting time $T = \dfrac{60 \times 200}{50 \times 2} = \underline{120 \text{ sec}}$

Stroke Speeds and Cutting Speeds

Stroke speed is the speed at which the ram moves during shaping operations and is given in strokes per minute. When the cutting speed, length of stroke and the cutting return time ratio is given, a suitable stroke speed can be calculated.

	Metric Units	Imperial Units
n = stroke speed	strokes/min	strokes/min
S = cutting speed	m/min	ft/min
L = stroke length	mm	in
t = cutting fractional time		

Metric Formula	Imperial Formula
$N = \dfrac{1\,000 St}{L}$	$N = \dfrac{12 St}{L}$

Example

1) If a plane surface is to be shaped at a cutting speed of 28 m/min, the stroke length is 250 mm and the cutting-return time ratio is given as 5 : 3, calculate a suitable stroke speed.

$S = 28$ m/min, $\quad L = 250$ mm, $\quad t = \dfrac{5}{8}$ (from 5:3, 5+3 = 8)

$$n = \frac{1\,000 \times S}{L} \times t$$

Stroke speed $n = \dfrac{1\,000 \times 28}{250} \times \dfrac{5}{8} = 112 \times \dfrac{5}{8} = \underline{70 \text{ strokes/min}}$

2) In a shaping operation the stroke length of 12 inch is required with a cutting speed of 120 ft/min. If the cutting return time ratio is 5 : 3 find the stroke speed.

$S = 120$ ft/min, $\quad L = 12$ in, $\quad t = \dfrac{5}{8} \left(\text{from ratio of } 5 : 3, \ \dfrac{5}{5+3} \right)$

Suitable stroke speed $n = \dfrac{12 \times S}{L} \times t = \dfrac{12 \times 120}{12} \times \dfrac{5}{8} = \underline{75 \text{ strokes/min.}}$

Dividing Head, Indexing Calculations

The Universal Dividing Head provides a method of indexing cylindrical work through a required angle for milling flats, slots, gear teeth etc. The fixed index plate contains circles of holes which are used to locate a retractable pin fitted in the crank handle, which rotates the work piece. Both whole turns and fractions of a turn can be set precisely. The required number of turns of the crank handle for any given angle can be calculated as follows:

$$\text{One turn of the crank} = \frac{1}{40} \text{ turn of the work piece}$$

$$= \frac{360°}{40}$$

$$= 9° \text{ angular movement}$$

Number of turns of the crank for a given angle $= \dfrac{\text{Angle required}}{9}$

Number of turns of the crank for a given number of divisions $= \dfrac{40}{\text{Number of divisions required}}$

Example

1) Calculate the index crank arm setting required to give an angular division of the workpiece $29° \, 20'$. The index plate has the following circles of holes: 21, 23, 27, 29, 31, 33.

$$29° \, 20' = 29\tfrac{1}{3}$$

$$\text{Number of turns of the crank} = \frac{\text{Angle required}}{9} = \frac{29\tfrac{1}{3}}{9}$$

$$= \frac{88}{3} \times \frac{1}{9} = \frac{88}{27} = 3\tfrac{7}{27}$$

Indexing for $29° \, 20' = 3$ complete turns + 7 holes in a 27 hole circle.

2) Determine the simple indexing required for milling 22 equi-spaced slots using the index plate containing the following circles of holes: 46, 47, 49, 51, 53, 54, 57, 58, 59, 62, 66.

$$\text{Number of turns of the crank} = \frac{40}{\text{Number of slots}} = \frac{40}{22}$$

$$= 1\tfrac{18}{22} \quad \text{or} \quad 1\tfrac{54}{66}$$

Indexing for 22 slots = 1 complete turn and 54 holes in a 66 hole plate.

3) A Brown and Sharpe dividing head fitted with 21, 23, 27, 29, 31 and 33 hole circles is to be used in a milling operation when two flats subtending an angle of $63° \, 40'$ are required. Calculate the index arm setting.

$$\text{Number of turns of the crank} = \frac{\text{Angle required}}{9} = \frac{63\tfrac{2}{3}}{9}$$

$$= \frac{191}{3} \times \frac{1}{9} = \frac{191}{27} = 7\tfrac{2}{27}$$

Indexing for $63° \, 40' = 7$ complete turns and 2 holes in a 27 hole plate.

Standard Symbols and Units for Physical Quantities

Quantity	Symbol	Unit
Acceleration—gravitational	g	m/s²
Acceleration—linear	a	m/s²
Altitude above sea level	z	m
Angle—plane	$\alpha, \beta, \theta, \phi$	rad
Angle—solid	Ω, ω	steradian
Angular acceleration	α	rad/s²
Angular velocity	ω	rad/s
Area	A	m²
Area—second moment of	I	m⁴
Bulk modulus	K	N/m²
Capacity	V	ℓ
Coefficient of friction	μ	no unit
Coefficient of linear expansion	α	/°C
Conductance, thermal	h	kW/m²K
Conductivity, thermal	λ	W/m K
Cubical expansion—coefficient of	β	/°C
Density	ρ	kg/m³
Density, relative	d	no unit
Dryness fraction	x	no unit
Dynamic viscosity	η	Ns/m², cP
Efficiency	η	no unit
Elasticity, modulus of	E	N/m²
Energy	W	J
Enthalpy	H	J
Enthalpy, specific	h	kJ/kg
Entropy	S	kJ/K
Force	F	N
Force, resisting	R	N
Frequency	f	Hz
Frequency, resonant	f_r	Hz
Gravitational acceleration	g	m/s²
Heat capacity, specific	c	kJ/kg K
Heat flow rate	ϕ	W
Illumination	E	lx
Kinematic viscosity	ν	m²/s, St
Length	l	m
Light—velocity of	c	m/s
Linear expansion—coefficient of	α	/°C
Mass, macroscopic	m	kg
Mass, microscopic	M	u
Mass, rate of flow	V	m³/s
Modulus, bulk	K	N/m²
Modulus of elasticity	E	N/m²

Standard Symbols and Units for Physical Quantities

Quantity	Symbol	Unit
Modulus of rigidity	G	N/m^2
Modulus of section	Z	m^3
Moment of force	M	Nm
Moment of inertia	I, J	$kg\, m^2$
Periodic time	T	s
Poisson's ratio	ν	no unit
Polar moment of area	J	m^4
Pressure	p	N/m^2
Quantity of heat	Q	J
Relative density	d	no unit
Resisting force	R	N
Resonant frequency	f_r	Hz
Second moment of area	I	m^4
Shear strain	γ	no unit
Shear stress	τ	N/m^2
Specific gas constant	R	$kJ/kg\, K$
Specific heat capacity	c	$kJ/kg\, K$
Strain, direct	ϵ	no unit
Stress, direct	σ	N/m^2
Shear modulus of rigidity	G	N/m^2
Surface tension	γ	N/m
Temperature value	θ	°C
Temperature coefficients of resistance	α, β, γ	/°C
Thermodynamic temperature value	T	K
Time	t	s
Torque	T	Nm
Velocity	v	m/s
Velocity, angular	ω	rad/s
Velocity of light	c	Mm/s
Velocity of sound	α	m/s
Volume	V	m^3
Volume, rate of flow	V	m^3/s
Viscosity, dynamic	η	Ns/m^2, cP
Viscosity, kinematic	ν	m^2/s, cSt
Work	W	J
Young's modulus of elasticity	E	N/m^2

Conversion Factors
SI UNITS *into Imperial Units*

To Convert	SI Units Into Imperial Units		Multiply by
Length	millimetres	inches	0.039 37
	centimetres	inches	0.393 7
	metres	yards	1.093 6
	kilometres	miles	0.621
Area	square millimetres	square inches	0.001 55
	square centimetres	square inches	0.155
	square metres	square yards	1.196
	square metres	acres	0.000 247
	hectares	acres	2.471
Volume	cubic millimetres	cubic inches	0.000 061
	cubic centimetres	cubic inches	0.061
	cubic metres	cubic yards	1.308
	litres	cubic feet	0.035 3
	litres	gallons	0.22
	litres	pints	1.76
	cubic centimetres	fluid ounces	0.035 2
Mass	grammes	ounces	0.035 27
	kilogrammes	pounds	2.204 6
	kilogrammes	hundredweights	0.019 68
	tonnes	tons	0.984
	kilogrammes	tons	0.000 984
Force	newtons	pound-force	0.224 8
	kilonewtons	ton-force	0.100 36
Stress and Pressure	newtons per square metre	pound-force per square inch	0.000 145
	newtons per square millimetre	pound-force per square inch	145
	bars	pound-force per square inch	14.5
Density	grammes per cubic centimetre	pounds per cubic inch	0.036 1
	kilogrammes per cubic metre	pounds per cubic foot	0.062 4
Torque	newton metre	pound-force foot	0.737 6
Energy	kilowatts	horsepower	1.341
	megajoules	therms	0.009 478
	kilojoules	B.Th.U.	0.947 8
	joules	foot pound-force	0.737 57
	megajoules	horsepower hour	0.372 51
Velocity	metres per second	miles per hour	2.236 9
	metres per second	feet per second	3.280 8
	kilometres per hour	miles per hour	0.621
	kilometres per hour	feet per second	0.911 3
Flow rates	cubic metres per sec	cubic feet per second	35.3
	cubic metres per sec	gallons per minute	13 200

Conversion Factors
IMPERIAL UNITS *into SI Units*

To convert	Imperial Units into SI Units		Multiply by
Length	inches	millimetres	25.4
	inches	centimetres	2.54
	yards	metres	0.914 4
	miles	kilometres	1.609 3
Area	square inches	square millimetres	645.16
	square inches	square centimetres	6.451 6
	square yards	square metres	0.836
	acres	square metres	4 046.9
	acres	hectares	0.4047
Volume	cubic inches	cubic millimetres	16 387
	cubic inches	cubic centimetres	16.387
	cubic yards	cubic metres	0.765
	cubic feet	litres	28.316
	gallons	litres	4.546
	pints	litres	0.568
	fluid ounces	cubic centimetres	28.413
Mass	ounces	grammes	28.35
	pounds	kilogrammes	0.453 6
	hundredweights	kilogrammes	50.80
	tons	tonnes	1.016
	tons	kilogrammes	1 016.05
Force	pound-force	Newtons	4.448 2
	ton-force	kilonewtons	9.964
Stress and Pressure	pound-force per square inch	newtons per square metre	6 895
	pound-force per square inch	newton per square millimetre	0.006 895
	pound-force per square inch	bars	0.068 9
Density	pounds per cubic inch	grammes per cubic centimetre	27.68
	pounds per cubic foot	kilogrammes per cubic metre	16.018 5
Torque	pound-force feet	newton metres	1.355 8
Energy	therms	megajoules	105.506
	British thermal units (B ThU)	kilojoules	1.055 06
	horsepower	kilowatts	0.745 7
	horsepower hour	megajoules	2.684 5
Velocity	miles per hour	kilometres per hour	1.609
	miles per hour	metres per second	0.447
	feet per second	kilometres per hour	1.097 3
	feet per second	metres per second	0.304 8
Flow rates	cubic feet per second	cubic metres per second	0.028 3
	gallons per minute	cubic metres per second	0.000 075 8

Conversion Factors

INCHES TO MILLIMETRES   1 inch = 25.4 mm

inch	mm	inch	mm	inch	mm
0.001	0.025 4	16	406.4	58	1 473.2
0.002	0.050 8	17	431.8	59	1 498.6
0.003	0.076 2	18	457.2	60	1 524.0
0.004	0.101 6	19	482.6	61	1 549.4
0.005	0.127 0	20	508.0	62	1 574.8
0.006	0.152 4	21	533.4	63	1 600.2
0.007	0.177 8	22	558.8	64	1 625.6
0.008	0.203 2	23	584.2	65	1 651.0
0.009	0.228 6	24	609.6	66	1 676.4
0.01	0.254	25	635.0	67	1 701.8
0.02	0.508	26	660.4	68	1 727.2
0.03	0.762	27	685.8	69	1 752.6
0.04	1.016	28	711.2	70	1 778.0
0.05	1.270	29	736.6	71	1 803.4
0.06	1.524	30	762.0	72	1 828.8
0.07	1.778	31	787.4	73	1 854.2
0.08	2.032	32	812.8	74	1 879.6
0.09	2.286	33	838.2	75	1 905.0
0.1	2.54	34	863.6	76	1 930.4
0.2	5.08	35	889.0	77	1 955.8
0.3	7.62	36	914.4	78	1 981.2
0.4	10.16	37	939.8	79	2 006.6
0.5	12.70	38	965.2	80	2 032.0
0.6	15.24	39	990.6	81	2 057.4
0.7	17.78	40	1 016.0	82	2 082.8
0.8	20.32	41	1 041.4	83	2 108.2
0.9	22.86	42	1 066.8	84	2 133.6
1	25.4	43	1 092.2	85	2 159.0
2	50.8	44	1 117.6	86	2 184.4
3	76.2	45	1 143.0	87	2 209.8
4	101.6	46	1 168.4	88	2 235.2
5	127.0	47	1 193.8	89	2 260.6
6	152.4	48	1 219.2	90	2 286.0
7	177.8	49	1 244.6	91	2 311.4
8	203.2	50	1 270.0	92	2 336.8
9	228.6	51	1 295.4	93	2 362.2
10	254.0	52	1 320.8	94	2 387.6
11	279.4	53	1 346.2	95	2 413.0
12	304.8	54	1 371.6	96	2 438.4
13	330.2	55	1 397.0	97	2 463.8
14	355.6	56	1 422.4	98	2 489.2
15	381.0	57	1 447.8	99	2 514.6
				100	2 540.0

Conversion Factors

FRACTIONAL INCHES TO MILLIMETRES

inches		mm	inches		mm
1/64	0.015 625	0.396 9	33/64	0.515 625	13.096 9
1/32	0.031 25	0.793 8	17/32	0.531 25	13.493 8
3/64	0.046 875	1.190 6	35/64	0.546 875	13.890 6
1/16	0.062 5	1.587 5	9/16	0.562 5	14.287 5
5/64	0.078 125	1.984 4	37/64	0.578 125	14.684 4
3/32	0.093 75	2.381 3	19/32	0.593 75	15.081 3
7/64	0.109 375	2.778 1	39/64	0.609 375	15.478 1
1/8	0.125	3.175 0	5/8	0.625	15.875 0
9/64	0.140 625	3.571 9	41/64	0.640 625	16.271 9
5/32	0.156 25	3.968 8	21/32	0.656 25	16.668 8
11/64	0.171 875	4.365 6	43/64	0.671 875	17.065 6
3/16	0.187 5	4.762 5	11/16	0.687 5	17.462 5
13/64	0.203 125	5.159 4	45/64	0.703 125	17.859 4
7/32	0.218 75	5.556 3	23/32	0.718 75	18.256 3
15/64	0.234 375	5.953 1	47/64	0.734 375	18.653 1
1/4	0.25	6.350 0	3/4	0.75	19.050 0
17/64	0.265 625	6.746 9	49/64	0.765 625	19.446 9
9/32	0.281 25	7.143 8	25/32	0.781 25	19.843 8
19/64	0.296 875	7.540 6	51/64	0.796 875	20.240 6
5/16	0.312 5	7.937 5	13/16	0.812 5	20.637 5
21/64	0.328 125	8.334 4	53/64	0.828 125	21.034 4
11/32	0.343 75	8.731 3	27/32	0.843 75	21.431 3
23/64	0.359 375	9.128 1	55/64	0.859 375	21.828 1
3/8	0.375	9.525 0	7/8	0.875	22.225 0
25/64	0.390 625	9.921 9	57/64	0.890 625	22.621 9
13/32	0.406 25	10.318 8	29/32	0.906 25	23.018 8
27/64	0.421 875	10.715 6	59/64	0.921 875	23.415 6
7/16	0.437 5	11.112 5	15/16	0.937 5	23.812 5
29/64	0.453 125	11.509 4	61/64	0.953 125	24.209 4
15/32	0.468 75	11.906 3	31/32	0.968 75	24.606 3
31/64	0.484 375	12.303 1	63/64	0.984 375	25.003 1
1/2	0.5	12.700 0			

The inch values in above are rounded to the seventh decimal place.

Examples using inches to millimetre/millimetre to inch tables

1) Convert 47.563 mm into inches.

47.563 = 47+0.5+0.06+0.003 mm
 = 1.850 393 7+ 0.019 685 0+0.002 3622+ 0.000 118 1 inches
 = 1.872 559 0 inches

2) Convert 24.753 inches into millimetres.

24.753 inches = 24+0.7+0.05+0.003 inches
 = 609.6+17.78+1.270+0.076 2 mm
 = 628.726 2 mm

Conversion Factors

MILLIMETRES TO INCHES 1 mm = 1/25.4 in

mm	inch	mm	inch	mm	inch
0.001	0.000 039 4	16	0.629 921 3	59	2.322 834 6
0.002	0.000 078 7	17	0.669 291 3	60	2.362 204 7
0.003	0.000 118 1	18	0.708 661 4		
0.004	0.000 157 5	19	0.748 031 5	61	2.401 574 8
		20	0.787 401 6	62	2.440 944 9
0.005	0.000 196 9			63	2.480 315 0
0.006	0.000 236 2	21	0.826 771 7	64	2.519 685 0
0.007	0.000 275 6	22	0.866 141 7	65	2.559 055 1
0.008	0.000 315 0	23	0.905 511 8		
0.009	0.000 354 3	24	0.944 881 9	66	2.598 425 2
		25	0.984 252 0	67	2.637 795 3
0.01	0.000 393 7	26	1.023 622 0	68	2.677 165 4
0.02	0.000 787 4	27	1.062 992 1	69	2.716 535 4
0.03	0.001 181 1	28	1.102 362 2	70	2.755 905 5
0.04	0.001 574 8	29	1.141 732 3		
		30	1.181 102 4	71	2.795 275 6
0.05	0.001 968 5			72	2.834 645 7
0.06	0.002 362 2	31	1.220 472 4	73	2.874 015 7
0.07	0.002 755 9	32	1.259 842 5	74	2.913 385 8
0.08	0.003 149 6	33	1.299 212 6	75	2.952 755 9
0.09	0.003 543 3	34	1.338 582 7		
		35	1.377 952 8	76	2.992 126 0
0.1	0.003 937 0			77	3.031 496 1
0.2	0.007 874 0	36	1.417 322 8	78	3.070 866 1
0.3	0.011 811 0	37	1.456 692 9	79	3.110 236 2
0.4	0.015 748 0	38	1.496 063 0	80	3.149 606 3
		39	1.535 433 1		
0.5	0.019 685 0	40	1.574 803 1	81	3.188 976 4
0.6	0.023 622 0			82	3.228 346 5
0.7	0.027 559 1	41	1.614 173 2	83	3.267 716 5
0.8	0.031 496 1	42	1.653 543 3	84	3.307 086 6
0.9	0.035 433 1	43	1.692 913 4	85	3.346 456 7
		44	1.732 283 5		
1	0.039 370 1	45	1.771 653 5	86	3.385 826 8
2	0.078 740 2			87	3.425 196 8
3	0.118 110 2	46	1.811 023 6	88	3.464 566 9
4	0.157 480 3	47	1.850 393 7	89	3.503 937 0
5	0.196 850 4	48	1.889 763 8	90	3.543 307 1
		49	1.929 133 9		
6	0.236 220 5	50	1.968 503 9	91	3.582 677 2
7	0.275 590 6			92	3.622 047 2
8	0.314 960 6	51	2.007 874 0	93	3.661 417 3
9	0.354 330 7	52	2.047 244 1	94	3.700 787 4
10	0.393 700 8	53	2.086 614 2	95	3.740 157 5
		54	2.125 984 2		
11	0.433 070 9	55	2.165 354 3	96	3.779 527 6
12	0.472 440 9			97	3.818 897 6
13	0.511 811 0	56	2.204 724 4	98	3.858 267 7
14	0.551 181 1	57	2.244 094 5	99	3.897 637 8
15	0.590 551 2	58	2.283 464 6	100	3.937 007 9

Machines

Mechanical advantage or force ratio

$$= \frac{\text{load}}{\text{effort}}$$

Velocity ratio or movement ratio

$$= \frac{\text{distance moved by effort}}{\text{distance moved by load}}$$

Efficiency

$$= \eta = \frac{\text{useful work out}}{\text{work put in}} = \frac{\text{force ratio}}{\text{movement ratio}}$$

Movement ratio of wheel and axle

$$= \frac{\text{radius of wheel}}{\text{radius of axle}}$$

Movement ratio of wheel and differential axle

$$= \frac{2 \times \text{radius of wheel}}{\text{radius of larger part of axle} - \text{radius of smaller part}}$$

Movement ratio of screw jack

$$= \frac{2\pi \times \text{radius at which effort is applied}}{\text{lead of screw}}$$

Movement ratio of gear drive

$$= \frac{\text{number of teeth on driven wheel}}{\text{number of teeth on driver wheel}}$$

For a gear drive:

$$\frac{N_A}{N_B} = \frac{n_B}{n_A}$$

N = rotation speed (rev/min)
n = number of teeth on gear

For a belt drive:

$$\frac{N_A}{N_B} = \frac{d_B}{d_A}$$

d = pulley diameter

Power of a belt drive:

$P = v(F_1 - F_2)$
$F_1 = F_2 e^{\mu\theta}$ for flat belt
$F_1 = F_2 e^{\mu\theta \operatorname{cosec} a}$ for V-belt

F_1 = tension on tight side (N)
F_2 = tension on slack side (N)
v = linear speed of belt (m/s)
P = power developed (W)
θ = angle of lap (radians)
μ = coefficient of friction
a = angle of vee

Spirit level:

θ (radians)
$$= \frac{\text{movement of bubble}}{R}$$

θ (degrees)
$$= \frac{57.3 \times \text{movement of bubble}}{R}$$

Sine bar:

$h = C \sin a$

Measurement of large bores:

$D = L + \dfrac{\omega^2}{2L}$

R = vial radius
θ = angle of inclination of spirit level
h = difference in height of plugs
C = centre distance of plugs
a = angular setting of sine bar
D = bore diameter
L = length of gauge
ω = half total amount of rock
D_E = effective diameter
d = wire diameter
a = flank angle
p = pitch
W = diameter over wires
S = cutting speed (m/min)
T = tool life (min)
n = constant
c = constant

Measurement of screw threads:

$$W = D_E + d\left(1 + \operatorname{cosec} \frac{a}{2}\right) - \frac{p}{2} \cot \frac{a}{2}$$

For metric threads:

$W = D_E + 3d - 1.516p$

Best wire size is:

$d = 0.577\, p$ (for H.S.S. tools $n = \frac{1}{7}$ to $\frac{1}{8}$ for roughing cuts in steel and $\frac{1}{10}$ for light cuts in steel.

$n = \frac{1}{5}$ when using a tungsten carbide tool for roughing cuts on steel)

Tool life:

$ST^n = c$

Change wheels:

$$\frac{\text{number of teeth in driving gears}}{\text{number of teeth in driven wheels}} = \frac{\text{lead of thread to be cut}}{\text{pitch of leadscrew}}$$

Dividing head:

Simple indexing $= \dfrac{40}{n}$ n = required number of divisions

Angular indexing $= \dfrac{\theta}{9}$ θ = angle required

Cutting speeds in metres per minute

Material	Tool material			Tungsten Carbide
	H.S.S.	Super H.S.S.	Stellite	
Aluminium alloys	70—100	90—120	over 200	over 350
Brass (free cutting)	70—100	90—120	170—250	350—500
Bronze	40—70	50—80	70—150	150—250
Grey cast iron	35—50	45—60	60—90	90—120
Copper	35—70	50—90	70—150	100—300
Magnesium alloys	85—135	110—150	85—135	85—135
Monel metal	15—20	18—25	25—45	50—80
Mild steel	35—50	45—60	70—120	—
High tensile steel	5—10	7—12	20—35	—
Stainless steel	10—15	12—18	30—50	—
Thermo-setting plastic	35—50	45—60	70—120	100—200

Power Used in Cutting

Material	k_L N/mm²	k_d	k_m J/mm³
Aluminium	700	0.11	0.9
Brass	1 250	0.084	1.6
Cast iron	900	0.07	1.9
Mild steel	1 200	0.36	2.7
Tool steel	3 000	0.4	7.0

For Lathework:

$$P = \frac{k_L dfS}{60\,000}$$

For Drilling:

$$T = k_d f^{0.75} D^{1.8}$$

$$P = \frac{2\pi NT}{60\,000}$$

For milling:

$$P = \frac{k_m dW f_m}{60}$$

P = power used (kw)
d = depth of cut (mm)
f = feed (mm/rev)
S = cutting speed (m/min)
T = torque (Nm)
D = drill diameter (mm)
N = rotational speed (rev/min)
W = width of cut (mm)
f_m = milling machine table feed (mm/min)
V = Volume of metal removed (cm³/min)

Volume of Metal Removed:

Lathework: $V = dfS$

Drilling: $V = \dfrac{\pi D^2}{4} fN$

Milling: $V = \dfrac{W d f_m}{1\,000}$

Machining Tolerances

Process	Tolerances (mm)		
	Normal	With care	Smallest economical
Turning, dia	0.203	0.102	0.025
Turning, with roller box tool, dia	0.127	0.051	0.025
Turning, lengths	0.381	0.152	0.076
Boring	0.127	0.051	0.013
Drilling	0.127	above size of drill	
Reaming, up to 6 mm dia	±0.015	±0.008	
Reaming, 7 mm to 12 mm dia	±0.020	±0.010	
Reaming, 13 mm to 24 mm dia	±0.025	±0.013	
Reaming, 25 mm to 40 mm dia	±0.030	±0.015	
Milling, distance between two faces	0.254	0.127	0.051
Milling, lengths of slots etc.	0.762	0.381	0.127
Broaching	0.127	0.051	0.025
Surface grinding	as required	0.051	0.025
Cylindrical grinding	as required	0.025	0.008
Honing	as required	0.013	0.006
Diamond boring	as required	0.025	0.006
Lapping	as required	0.006	0.003 & finer
Centre, distance of holes etc.	0.127	0.051	0.013
Press work, approx.	0.127	0.025	0.013
Die castings, mouldings and hot stampings			
across parting line	0.254—0.381	0.254	0.127
not across parting line	0.127—0.254	0.127	0.064

Limits and Fits

The system comprises suitable combinations of 16 grades of tolerance denoted by numbers 1 to 16 or in words, grades of accuracy of manufacture; and 21 types of fit denoted by letters A to Z for both hole and shaft, ranging from fits of extreme interference to those of extreme clearance.

A hole is described by the appropriate capital letter followed by a suffix number denoting the tolerance grade, e.g.   H7.

A shaft is described by a small letter followed by a suffix number denoting the tolerance grade e.g.   p6.

A fit is described by the hole symbol followed by that of a shaft, e.g. H7—p6   or   H7/p6.

It is recommended that on production drawings the actual limits for both hole and shaft should be explicitly stated by one or other of the methods laid down in BS 308, *Recommendations for engineering drawing practice*, so that the parts to be measured by measuring instruments indicating actual size, can be manufactured without any necessity for reference to the British Standard. There are, however, certain circumstances — for example, in general specifications, or on preliminary design drawings — in which it is convenient to be able to designate a particular type of fit by symbols only.

Selected ISO Fits — Hole Basis

The ISO system provides a great many hole and shaft tolerances so as to cater for a very wide range of conditions. However, experience shows that the majority of fit conditions required for normal engineering products can be provided by a quite limited selection of tolerances. The following selected hole and shaft tolerances have been found to be commonly applied:

Selected hole tolerances: H7; H8; H9; H11.
Selected shaft tolerances: c11; d10; e9; f7; g6; h6; k6; n6; p6; s6.

The table below shows a range of fits derived from these selected hole and shaft tolerances. As will be seen, it covers fits from loose clearance to heavy interference and it may therefore be found to be suitable for most normal requirements. Many users may in fact find that their needs are met by a further selection within this selected range.

For most general applications it is usual to recommend hole basis fits as, except in the realm of very large sizes where the effects of temperature play a large part, it is usually considered easier to manufacture and measure the male member of a fit and it is thus desirable to be able to allocate the larger part of the tolerance available to the hole and adjust the shaft to suit.

Type of fit	Clearance						Transition		Interference	
Shaft tolerance	c11	d10	e9	f7	g6	h6	k6	n6	p6	s6
Hole tolerances — H7					✓	✓	✓	✓	✓	✓
Hole tolerances — H8				✓						
Hole tolerances — H9		✓	✓							
Hole tolerances — H11	✓									

Nominal sizes		Clearance fits		Transition fits				Interference fits			
		Tolerance		Tolerance		Tolerance		Tolerance		Tolerance	
Over	To	H11	c11	H9	d10	H9	e9	H8	f7	H7	g6
mm	mm	0.001 mm	0.001 mm	0.001 mm	0.001 mm	0.001 mm	0.001 mm	0.001 mm	0.001 mm	0.001 mm	0.001 mm
—	3	+60 / 0	−60 / −120	+25 / 0	−20 / −60	+25 / 0	−14 / −39	+14 / 0	−6 / −16	+10 / 0	−2 / −8
3	6	+75 / 0	−70 / −145	+30 / 0	−30 / −78	+30 / 0	−20 / −50	+18 / 0	−10 / −22	12 / 0	−4 / −12
6	10	+90 / 0	−80 / −170	+36 / 0	−40 / −98	+36 / 0	−25 / −61	+22 / 0	−13 / −28	+15 / 0	−5 / −14
10	18	+110 / 0	−95 / −205	+43 / 0	−50 / −120	+43 / 0	−32 / −75	+27 / 0	−16 / −34	+18 / 0	−6 / −17
18	30	+130 / 0	−110 / −240	+52 / 0	−65 / −149	+52 / 0	−40 / −92	+33 / 0	−20 / −41	+21 / 0	−7 / −20
30	40	+160 / 0	−120 / −280	+62 / 0	−80 / −180	+62 / 0	−50 / −112	+39 / 0	−25 / −50	+25 / 0	−9 / −25
40	50	+160 / 0	−130 / −290								
50	65	+190 / 0	−140 / −330	+74 / 0	−100 / −220	+74 / 0	−60 / −134	+46 / 0	−30 / −60	+30 / 0	−10 / −29
65	80	+190 / 0	−150 / −340								
80	100	+220 / 0	−170 / −390	+87 / 0	−120 / −260	+87 / 0	−72 / −159	+54 / 0	−36 / −71	+35 / 0	−12 / −34
100	120	+220 / 0	−180 / −400								
120	140	+250 / 0	−200 / −450	+100 / 0	−145 / −305	+100 / 0	−84 / −185	+63 / 0	−43 / −83	+40 / 0	−14 / −39
140	160	+250 / 0	−210 / −460								
160	180	+250 / 0	−230 / −480								
180	200	+290 / 0	−240 / −530	+115 / 0	−170 / −355	+115 / 0	−100 / −215	+72 / 0	−50 / −96	+46 / 0	−15 / −44
200	225	+290 / 0	−260 / −550								
225	250	+290 / 0	−280 / −570								
250	280	+320 / 0	−300 / −620	+130 / 0	−190 / −400	+130 / 0	−110 / −240	+81 / 0	−56 / −108	+52 / 0	−17 / −49
280	315	+320 / 0	−330 / −650								
315	355	+360 / 0	−360 / −720	+140 / 0	−210 / −440	+140 / 0	−125 / −265	+89 / 0	−62 / −119	+57 / 0	−18 / −54
355	400	+360 / 0	−400 / −760								
400	450	+400 / 0	−440 / −840	+155 / 0	−230 / −480	+155 / 0	−135 / −290	+97 / 0	−68 / −131	+63 / 0	−20 / −60
450	500	+400 / 0	−480 / −880								

Nominal sizes		Clearance fits									
		Tolerance		Tolerance		Tolerance		Tolerance		Tolerance	
Over	To	H7	h6	H7	k6	H7	n6	H7	p6	H7	s6
mm	mm	0.001 mm	0.001 mm	0.001 mm	0.001 mm	0.001 mm	0.001 mm	0.001 mm	0.001 mm	0.001 mm	0.001 mm
—	3	+10 / 0	−6 / 0	+10 / 0	+6 / +0	+10 / 0	+10 / +4	+10 / 0	+12 / +6	+10 / 0	+20 / +14
3	6	+12 / 0	−8 / 0	+12 / 0	+9 / 1	+12 / 0	+16 / +8	+12 / 0	+20 / +12	+12 / +0	+27 / +19
6	10	+15 / 0	−9 / 0	+15 / 0	+10 / +1	+15 / 0	+19 / +10	+15 / 0	+24 / +15	+15 / 0	+32 / +23
10	18	+18 / 0	−11 / 0	+18 / 0	+12 / +1	+18 / 0	+23 / +12	+18 / 0	+29 / +18	+18 / 0	+39 / +28
18	30	+21 / 0	−13 / 0	+21 / 0	+15 / +2	+21 / 0	+28 / +15	+21 / 0	+35 / +22	+21 / 0	+48 / +35
30	40	+25 / 0	−16 / 0	+25 / 0	+18 / +2	+25 / 0	+33 / +17	+25 / 0	+42 / +26	+25 / 0	+59 / +43
40	50										
50	65	+30 / 0	−19 / 0	+30 / 0	+21 / +2	+30 / 0	+39 / +20	+30 / 0	+51 / +32	+30 / 0	+72 / +53
65	80									+30 / 0	+78 / +59
80	100	+35 / 0	−22 / 0	+35 / 0	+25 / +3	+35 / 0	+45 / +23	+35 / 0	+59 / +37	+35 / 0	+93 / +71
100	120									+35 / 0	+101 / +79
120	140	+40 / 0	−25 / 0	+40 / 0	+28 / +3	+40 / 0	+52 / +27	+40 / 0	+68 / +43	+40 / 0	+117 / +92
140	160									+40 / 0	+125 / +100
160	180									+40 / 0	+133 / +108
180	200	+46 / 0	−29 / 0	+46 / 0	+33 / +4	+46 / 0	+60 / +31	+46 / 0	+79 / +50	+46 / 0	+151 / +122
200	225									+46 / 0	+159 / +130
225	250									+46 / 0	+169 / +140
250	280	+52 / 0	−32 / 0	+52 / 0	+36 / +4	+52 / 0	+66 / +34	+52 / 0	+88 / +56	+52 / 0	+190 / +158
280	315									+52 / 0	+202 / +170
315	355	+57 / 0	−36 / 0	+57 / 0	+40 / +4	+57 / 0	+73 / +37	+57 / 0	+98 / +62	+57 / 0	+226 / +190
355	400									+57 / 0	+244 / +208
400	450	+63 / 0	−40 / 0	+63 / 0	+45 / +5	+63 / 0	+80 / +40	+63 / 0	+108 / +68	+63 / 0	+272 / +232
450	500									+63 / 0	+292 / +252

Tolerances, Limits and Fits

If the nominal size of the shaft and hole is given and the selected I.S.O. fit (page 80) is specified the following information can be obtained.

i) Working limits of size required for both hole and shaft.

ii) Working tolerance of size required for both hole and shaft, i.e. the difference between the upper and lower limits.

iii) Minimum clearance obtained, i.e. smallest hole − largest shaft.
Maximum clearance obtained, i.e. largest hole − smallest shaft.

iv) Minimum interference obtained, i.e. smallest shaft − largest hole.
Maximum interference obtained, i.e. largest shaft − smallest hole.

Note: in a *clearance* fit the allowance is *positive*.
in an *interference* fit the allowance is *negative*.

Example

Given a nominal shaft/hole size of 25 mm and a selected I.S.O. fit of H7/g6 state:

a) the working limits and tolerance,

b) the minimum and maximum clearance or interference.

From page 80	Nominal size	H7	g6
	18 mm to 30 mm	+21 0	−7 −20

Tolerance unit 0.001 mm. H7/g6 is a clearance fit.

a) Working limits and tolerance

Hole $25 \text{ mm} ^{+0.021}_{+0}$ diameter, or 25.000 mm minimum hole size
25.021 mm maximum hole size
0.021 mm hole tolerance

Shaft $25 \text{ mm} ^{-0.007}_{-0.020}$ diameter, or 24.993 mm maximum shaft size
24.980 mm minimum shaft size
0.013 mm shaft tolerance

b) Minimum and maximum clearance

smallest hole = 25.000   largest hole = 25.021

largest shaft = 24.993   smallest shaft = 24.980

minimum clearance = 0.007 mm   maximum clearance = 0.041 m

Example

What will be the maximum and minimum dimension x, for the plate gauge shown?

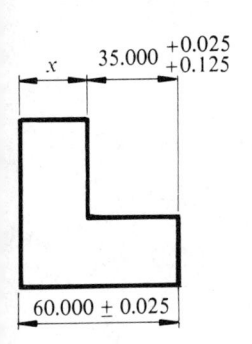

$$x_{min} = 60 \text{ mm small} - 35 \text{ mm large}$$
$$= 59.975 - 35.125$$
$$= \underline{24.850 \text{ mm}}$$

$$x_{max} = 60 \text{ mm large} - 35 \text{ mm small}$$
$$= 60.025 - 35.025$$
$$= \underline{25.000 \text{ mm}}$$

x $35.000 \ ^{+0.025}_{+0.125}$

60.000 ± 0.025

Abbreviations for Units

Unit	abb.
metre	m
square metre	m²
cubic metre	m³
litre	ℓ
second	s
minute	min.
hour	h
day	d
year	a
radian	rad
steradian	sr
radian per second	rad/s
revolution per minute	rev/min
kilogramme	kg
gramme	g

Unit	abb.
tonne (= 1 Mg)	t
newton	N
bar	bar
millibar	mb
standard atmosphere	atm
millimetre of mercury	mm Hg
poise	P
joule	J
kilowatt hour	kW h
calorie	cal
mole	mol
watt	W
kelvin	K
centigrade	°C

Milling Cutters

Table of Cutting Speeds — Metric

m/min ft/min	6 19.68	9 29.53	15 49.21	30 98.42
Dia mm	\multicolumn{4}{c}{Revolutions per min}			
0.5	3 820	5 730	9 549	19 099
1.0	1 910	2 865	4 775	9 549
1.5	1 273	1 910	3 183	6 366
2.0	955	1 432	2 387	4 775
2.5	764	1 146	1 910	3 820
3.0	637	955	1 592	3 183
3.5	546	819	1 364	2 728
4.0	477	716	1 194	2 387
4.5	424	637	1 061	2 122
5.0	382	573	955	1 910
6.0	318	477	798	1 592
7.0	273	409	682	1 364
8.0	239	358	597	1 194
9.0	212	318	531	1 061
10.0	191	286	477	955
11.0	174	260	434	868
12.0	159	238	398	796
13.0	147	220	367	735
14.0	136	205	341	682
15.0	127	191	318	637
16.0	119	179	298	597
17.0	112	169	281	562
18.0	106	159	265	531
19.0	101	151	251	503
20.0	95	143	239	478
22.0	87	130	217	434
24.0	80	119	199	398
26.0	73	110	184	367
28.0	68	102	171	341
30.0	64	95	159	318
35.0	55	82	136	273
40.0	48	72	119	239
45.0	42	64	106	212
50.0	38	57	96	191
60.0	32	48	80	159
70.0	27	41	68	136
80.0	24	36	60	119
90.0	21	32	53	106
100.0	19	29	48	95
115.0	17	25	42	83
130.0	15	22	38	73
145.0	13	20	33	66
160.0	12	18	30	60
180.0	11	16	27	53
200.0	10	14	24	48

Table of Cutting Speeds — Imperial Size

ft/min m/min	20 6.10	30 9.14	50 15.24	100 30.48
Dia in	\multicolumn{4}{c} Revolutions per min			
1/64	4 897	7 346	12 243	24 485
1/32	2 449	3 673	6 121	12 243
3/64	1 629	2 443	4 072	8 144
1/16	1 222	1 833	3 056	6 112
5/64	978	1 467	2 445	4 891
3/32	814	1 222	2 036	4 072
7/64	698	1 047	1 746	3 492
1/8	611	917	1 528	3 056
5/32	489	734	1 223	2 445
3/16	407	611	1 019	2 037
7/32	349	524	873	1 746
1/4	306	458	764	1 528
5/16	244	367	611	1 222
3/8	204	306	509	1 019
7/16	175	262	437	873
1/2	153	229	382	764
9/16	136	204	340	679
5/8	122	183	306	611
11/16	111	167	278	556
3/4	102	153	255	509
13/16	94	141	235	470
7/8	87	131	218	437
15/16	81	122	204	407
1	76	115	191	382
1,1/8	68	102	170	340
1,1/4	61	92	153	306
1,3/8	56	83	139	278
1,1/2	51	76	127	255
1,5/8	47	71	118	235
1,3/4	44	65	109	218
1,7/8	41	61	102	204
2	38	57	95	191
2,1/4	34	51	85	170
2,1/2	31	46	76	153
2,3/4	28	42	69	139
3	25	38	64	127
3,1/2	22	33	55	109
4	19	29	48	95
4,1/2	17	25	42	85
5	15	23	38	76
5,1/2	14	21	35	69
6	13	19	32	64
6,1/2	12	18	29	59
7	11	16	27	55
7,1/2	10	15	25	51
8	9	14	24	48

RPM for peripheral speeds not given, can be obtained by simple addition or subtraction, e.g.

For 10 mm diameter 45 m/min = 15+30 = 477+955 = 1 432 RPM.
For 22.0 mm diameter 12 m/min = 15−6/2 = 217−87/2 = 173 RPM.
For 1/2 in diameter 150 ft/min = 100+50 = 764+382 = 1 146 RPM.
For 3/64 in diameter 60 ft/min = 30+30 = 2 443+2 443 = 4 886 RPM.

Milling Cutters

Recommended Feeds per Tooth for High Speed Steel Milling Cutters

Work Material	Face Mills	Feed per tooth inches (mm)		Saws
		End Mills	Slot Drills	
Non Alloy Steels Up to 0.4%C 150/220 B.H.N.	.010 (0.25)	.003 (0.08)	.004 (0.10)	.000 3 (0.008)
Over 0.4%C to 0.7%C Incl. 180/255 B.H.N.	.008 (0.20)	.002 (0.05)	.003 (0.08)	.000 2 (0.005)
Over 0.7%C 200/280 B.H.N.	.006 (0.15)	.002 (0.05)	.003 (0.08)	.000 2 (0.005)
Alloy Steels Up to 60 tons/in^2 (94.5 kg/mm^2)	.008 (0.20)	.002 (0.05)	.003 (0.08)	.000 2 (0.005)
Over 60—80 tons/in^2 (94.5 kg/mm^2—126 kg/mm^2)	.006 (0.15)	.002 (0.05)	.002 (0.05)	.000 1 (0.002 5)
Grey Cast Iron	.012 (0.30)	.004 (0.10)	.005 (0.12)	.000 4 (0.010)
Alloyed Cast Iron	.008 (0.20)	.002 (0.05)	.002 (0.05)	.000 1 (0.002 5)
Aluminium and Aluminium Alloys	.015 (0.40)	.005 (0.12)	.006 (0.15)	.000 4 (0.010)
Brass	.012 (0.30)	.004 (0.10)	.005 (0.12)	.000 3 (0.008)
Brass Leaded	.015 (0.40)	.005 (0.12)	.006 (0.15)	.000 4 (0.010)
Bronze	.012 (0.30)	.004 (0.10)	.005 (0.12)	.000 3 (0.008)
Bronze High Tensile	.010 (0.25)	.003 (0.08)	.004 (0.10)	.000 2 (0.005)

Peripheral Speeds for High Speed Steel Milling Cutters

Work Material	Cutting Speed	
	Feet/min.	m/min.
Non Alloy Steels Up to 0.4%C Incl. 150/220 B.H.N.	85/120	26/36
Over 0.4%C to 0.7%C Incl. 180/255 B.H.N.	60/100	18/30
Over 0.7%C 200/280 B.H.N.	40/80	12/24
Alloy Steels Up to 60 tons/in^2 (94.5 kg/mm^2)	50/80	15/24
Over 60—80 tons/in^2 (94.5 kg/mm^2—126 kg/mm^2)	30/60	9/18
Grey Cast Iron	80/120	24/36
Alloyed Cast Iron	40/70	12/21
Aluminium and Aluminium Alloys	100/250	30/76
Brass	100/150	30/45
Brass Leaded	100/200	30/60
Bronze	100/200	30/60
Bronze High Tensile	50/100	15/30

Recommended Feed per Tooth for Carbide Milling Cutters

Work Material	Feed per Tooth Inches (mm)			
	Face Mills	End Mills	Slot Drills	Saws
Non Alloy Steels Up to 0.4%C Incl. 150/220 B.H.N.	.012 (0.30)	.003 (0.08)	.004 (0.10)	.000 3 (0.008)
Over 0.4%C to 0.7%C Incl. 180/255 B.H.N.	.010 (0.25)	.002 (0.05)	.003 (0.08)	.000 2 (0.005)
Over 0.7%C 200/280 B.H.N.	.008 (0.20)	.002 (0.05)	.003 (0.08)	.000 2 (0.005)
Alloy Steels Up to 60 tons/in^2 (94.5 kg/mm^2)	.010 (0.25)	.002 (0.05)	.003 (0.08)	.000 2 (0.005)
Over 60–80 tons/in^2 (94.5 kg/mm^2–126 kg/mm^2)	.008 (0.20)	.002 (0.05)	.002 (0.05)	.000 1 (0.002 5)
Grey Cast Iron	.015 (0.40)	.004 (0.10)	.005 (0.12)	.000 4 (0.010)
Alloyed Cast Iron	.010 (0.25)	.002 (0.05)	.002 (0.05)	.000 1 (0.002 5)
Aluminium and Aluminium Alloys	.018 (0.45)	.005 (0.12)	.006 (0.15)	.000 4 (0.010)
Brass	.015 (0.40)	.004 (0.10)	.005 (0.12)	.000 3 (0.008)
Brass Leaded	.018 (0.45)	.005 (0.12)	.006 (0.15)	.000 4 (0.010)
Bronze	.015 (0.40)	.004 (0.10)	.005 (0.12)	.000 3 (0.008)
Bronze High Tensile	.012 (0.30)	.003 (0.08)	.004 (0.10)	.000 2 (0.005)

Peripheral Speeds For Carbide Milling Cutters

Work Material	Cutting Speed	
	Feet/min.	m/min.
Non Alloy Steels		
Up to 0.4%C Incl. 150/220 B.H.N.	180/280	60/80
Over 0.4%C to 0.7%C Incl. 180/255 B.H.N.	140/230	40/70
Over 0.7%C 200/280 B.H.N.	90/180	27/55
Alloy Steels		
Up to 60 tons/in^2 (94.5 kg/mm^2)	110/180	35/55
Over 60–80 tons/in^2 (94.5 kg/mm^2–126 kg/mm^2)	70/140	20/40
Grey Cast Iron	180/280	55/80
Alloyed Cast Iron	90/160	27/48
Aluminium and Aluminium Alloys	230/580	70/175
Brass	230/350	70/100
Bronze and Brass Leaded	230/460	70/140
Bronze High Tensile	115/230	35/70

Screw Threads

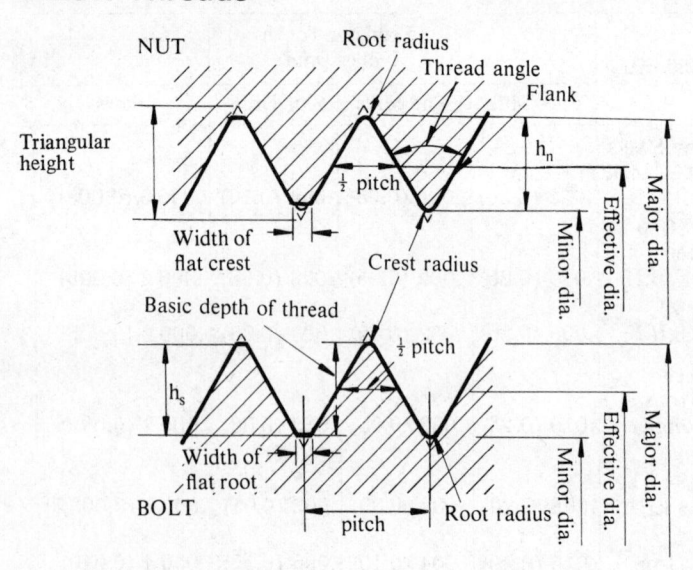

A screw thread is based on a triangle which is shortened at the crest and root to either a radius or a flat depending on the specification. The angle enclosed by the flanks is called the thread angle. This form is spaced along a cylinder, the nominal diameter of which is the major diameter. The spacing or distance between any two corresponding points on adjacent threads is the pitch, the reciprocal of this is the threads per inch (Imperial Units). The effective diameter is the diameter of a theoretical co-axial cylinder whose outer surface would pass through a plane where the width of groove is half the pitch. The minor diameter is the diameter of a further co-axial cylinder the outer surface of which would touch the smallest diameter.

Screw Threads

Thread Type	Thread Angle	Basic Radius	Basic Depth of Thread	h_n Basic Height of Internal Thread	h_s Basic Height of External Thread
ISO Metric Fine	60°	0.144 3 p		0.541 27 p	0.613 44 p
ISO Metric Coarse	60°	0.144 3 p		0.541 27 p	0.613 44 p
Unified Fine	60°	0.144 3 p		0.541 27 p	0.613 44 p
Unified Coarse	60°	0.144 3 p		0.541 27 p	0.613 44 p
British Association	47½°	0.180 834 6 p	0.6 p		
British Standard Whitworth	55°	0.137 329 p	0.640 327 p		
British Standard Fine	55°	0.137 329 p	0.640 327 p		
British Standard Pipe	55°	0.137 329 p	0.640 327 p		
British Standard Taper Pipe	55°	0.137 278 p	0.640 327 p		
American National Taper Pipe	60°		0.8 p		

$$p = \text{pitch} = \frac{1}{\text{t.p.i.}}$$

Screw Threads

I.S.O. METRIC FINE AND COARSE

	Nominal Diameter	Pitch	Basic Major Diameter	Basic Effective Diameter	Basic Minor Diameter of External Threads	Basic Minor Diameter of Internal Threads
	mm	mm	mm	mm	mm	mm
I.S.O. Metric Fine — Thread Angle 60°	8.0	1.00	8.000	7.350	6.773	6.917
	10.0	1.25	10.000	9.188	8.466	8.647
	12.0	1.25	12.000	11.188	10.466	10.647
	14.0	1.50	14.000	13.026	12.160	12.376
	16.0	1.50	16.000	15.026	14.160	14.376
	18.0	1.50	18.000	17.026	16.160	16.376
	20.0	1.50	20.000	19.026	18.160	18.376
	22.0	1.50	22.000	21.026	20.160	20.376
	24.0	2.00	24.000	22.701	21.546	21.835
	27.0	2.00	27.000	25.701	24.546	24.835
	30.0	2.00	30.000	28.701	27.546	27.835
	33.0	2.00	33.000	31.701	30.546	30.835
	36.0	3.00	36.000	34.051 4	32.319	32.752 4
	39.0	3.00	39.000	37.051 4	35.319	35.752 4
I.S.O. Metric Coarse — Thread Angle 60°	1.6	0.35	1.600	1.373	1.170	1.221
	1.8	0.35	1.800	1.573	1.370	1.421
	2.0	0.40	2.000	1.740	1.509	1.567
	2.2	0.45	2.200	1.908	1.648	1.713
	2.5	0.45	2.500	2.208	1.948	2.013
	3.0	0.50	3.000	2.675	2.387	2.459
	3.5	0.60	3.500	3.110	2.764	2.850
	4.0	0.70	4.000	3.545	3.141	3.242
	4.5	0.75	4.500	4.013	3.580	3.688
	5.0	0.80	5.000	4.480	4.019	4.134
	6.0	1.00	6.000	5.350	4.773	4.917
	7.0	1.00	7.000	6.350	5.773	5.917
	8.0	1.25	8.000	7.188	6.466	6.647
	10.0	1.50	10.000	9.026	8.160	8.376
	12.0	1.75	12.000	10.863	9.853	10.106
	14.0	2.00	14.000	12.701	11.546	11.835
	16.0	2.00	16.000	14.701	13.546	13.835
	18.0	2.50	18.000	16.376	14.933	15.294
	20.0	2.50	20.000	18.376	16.933	17.294
	22.0	2.50	22.000	20.376	18.933	19.294
	24.0	3.00	24.000	22.051	20.319	20.752
	27.0	3.00	27.000	25.051	23.319	23.752
	30.0	3.50	30.000	27.727	25.706	26.211
	33.0	3.50	33.000	30.727	28.706	29.211
	36.0	4.00	36.000	33.402	31.093	31.670
	39.0	4.00	39.000	36.402	34.093	34.670-

Screw Threads

UNIFIED FINE (U.N.F.) UNIFIED COARSE (U.N.C.)

	Nominal Size or Diameter Inches	Threads per Inch	Basic Major Diameter Inches	Basic Effective Diameter Inches	Basic Minor Diameter of External Threads Inches	Basic Minor Diameter of Internal Threads Inches
Unified Fine — Thread Angle 60°	No. 0	80	0.0600	0.0519	0.0447	0.0465
	No. 1	72	0.0730	0.0640	0.0560	0.0580
	No. 2	64	0.0860	0.0759	0.0668	0.0691
	No. 3	56	0.0990	0.0874	0.0771	0.0797
	No. 4	48	0.1120	0.0985	0.0864	0.0894
	No. 5	44	0.1250	0.1102	0.0971	0.1004
	No. 6	40	0.1380	0.1218	0.1073	0.1109
	No. 8	36	0.1640	0.1460	0.1299	0.1339
	No. 10	32	0.1900	0.1697	0.1517	0.1562
	No. 12	28	0.2160	0.1928	0.1722	0.1773
	1/4	28	0.2500	0.2268	0.2062	0.2113
	5/16	24	0.3125	0.2854	0.2614	0.2674
	3/8	24	0.3750	0.3479	0.3239	0.3299
	7/16	20	0.4375	0.4050	0.3762	0.3834
	1/2	20	0.5000	0.4675	0.4387	0.4459
	9/16	18	0.5625	0.5263	0.4943	0.5024
	5/8	18	0.6250	0.5889	0.5568	0.5649
	3/4	16	0.7500	0.7094	0.6733	0.6823
	7/8	14	0.8750	0.8286	0.7874	0.7977
	1	12	1.0000	0.9459	0.8978	0.9098
	1, 1/8	12	1.1250	1.0709	1.0228	1.0348
	1, 1/4	12	1.2500	1.1959	1.1478	1.1598
	1, 3/8	12	1.3750	1.3209	1.2728	1.2848
	1, 1/2	12	1.5000	1.4459	1.3978	1.4098
Unified Coarse — Thread Angle 60°	No. 1	64	0.0730	0.0629	0.0538	0.0561
	No. 2	56	0.0860	0.0744	0.0641	0.0667
	No. 3	48	0.0990	0.0855	0.0734	0.0764
	No. 4	40	0.1120	0.0958	0.0813	0.0849
	No. 5	40	0.1250	0.1088	0.0943	0.0979
	No. 6	32	0.1380	0.1177	0.0997	0.1042
	No. 8	32	0.1640	0.1437	0.1257	0.1302
	No. 10	24	0.1900	0.1629	0.1389	0.1449
	No. 12	24	0.2160	0.1889	0.1649	0.1709
	1/4	20	0.2500	0.2175	0.1887	0.1959
	5/16	18	0.3125	0.2764	0.2443	0.2524
	3/8	16	0.3750	0.3344	0.2983	0.3073
	7/16	14	0.4375	0.3911	0.3499	0.3602
	1/2	13	0.5000	0.4500	0.4056	0.4167
	9/16	12	0.5625	0.5084	0.4603	0.4723
	5/8	11	0.6250	0.5660	0.5135	0.5266
	3/4	10	0.7500	0.6850	0.6273	0.6417
	7/8	9	0.8750	0.8028	0.7387	0.7547
	1	8	1.0000	0.9188	0.8466	0.8647
	1, 1/8	7	1.1250	1.0322	0.9497	0.9704
	1, 1/4	7	1.2500	1.1572	1.0747	1.0954
	1, 3/8	6	1.3750	1.2667	1.1705	1.1946
	1, 1/2	6	1.5000	1.3917	1.2955	1.3196
	1, 3/4	5	1,7500	1.6201	1.5046	1.5335
	2	4, 1/2	2.0000	1.8557	1.7274	1.7594
	2, 1/4	4, 1/2	2.2500	2.1057	1.9774	2.0094

Screw Threads Non-Preferred Thread Series
BRITISH ASSOCIATION (B.A.), BRITISH STANDARD WHITWORTH (B.S.W.)

	B.A. No.	Pitch	Basic Depth of Thread	Basic Major Diameter	Basic Effective Diameter	Basic Minor Diameter
		Inches	Inches	Inches	Inches	Inches
British Association (B.A.)	0	0.039 4	0.023 6	0.236 2	0.212 6	0.189 0
	1	0.035 4	0.021 3	0.208 7	0.187 4	0.166 1
	2	0.031 9	0.019 1	0.185 0	0.165 9	0.146 8
	3	0.028 7	0.017 3	0.161 4	0.144 1	0.126 8
	4	0.026 0	0.015 6	0.141 7	0.126 2	0.110 6
	5	0.023 2	0.014 0	0.126 0	0.112 0	0.098 0
	6	0.020 9	0.012 6	0.110 2	0.097 6	0.085 0
	7	0.018 9	0.011 4	0.098 4	0.087 0	0.075 6
	8	0.016 9	0.010 2	0.086 6	0.076 4	0.066 1
	9	0.015 4	0.009 2	0.074 8	0.065 6	0.056 3
	10	0.013 8	0.008 3	0.066 9	0.058 7	0.050 4
	11	0.012 2	0.007 3	0.059 1	0.051 8	0.044 5
	12	0.011 0	0.006 7	0.051 2	0.044 5	0.037 8
	13	0.009 8	0.005 9	0.047 2	0.042 3	0.035 4
	14	0.009 1	0.005 5	0.039 4	0.033 9	0.028 3
	15	0.008 3	0.004 9	0.035 4	0.030 5	0.025 6
	16	0.007 5	0.004 5	0.031 1	0.026 6	0.022 0
	Nom. dia.	t.p.i.	Basic Depth of Thread	Basic Major Diameter	Basic Effective Diameter	Basic Minor Diameter
	Inches		Inches	Inches	Inches	Inches
British Standard Whitworth (B.S.W.)	1/8	40	0.016 0	0.125 0	0.109 0	0.093 0
	3/16	24	0.026 7	0.187 5	0.160 8	0.134 1
	1/4	20	0.032 0	0.250 0	0.218 0	0.186 0
	5/16	18	0.035 6	0.312 5	0.276 9	0.241 3
	3/8	16	0.040 0	0.375 0	0.335 0	0.295 0
	7/16	14	0.045 7	0.437 5	0.391 8	0.346 1
	1/2	12	0.053 4	0.500 0	0.446 6	0.393 2
	9/16	12	0.053 4	0.562 5	0.509 1	0.455 7
	5/8	11	0.058 2	0.625 0	0.566 8	0.508 6
	11/16	11	0.058 2	0.687 5	0.629 3	0.571 1
	3/4	10	0.064 0	0.750 0	0.686 0	0.622 0
	7/8	9	0.071 1	0.875 0	0.803 9	0.732 8
	1	8	0.080 0	1.000 0	0.920 0	0.840 0
	1, 1/8	7	0.091 5	1.125 0	1.033 5	0.942 0
	1, 1/4	7	0.091 5	1.250 0	1.158 5	1.067 0
	1, 3/8	6	0.106 7	1.375 0	1.268 3	1.161 6
	1, 1/2	6	0.106 7	1.500	1.393 3	1.286 6
	1, 3/4	5	0.128 1	1.750 0	1.621 9	1.493 8
	2	4, 1/2	0.142 3	2.000 0	1.857 7	1.715 4
	2, 1/4	4	0.160 1	2.250 0	2.089 9	1.929 8
	2, 1/2	4	0.160 1	2.500 0	2.339 9	2.179 8

Screw Threads Non-Preferred Thread Series

BRITISH STANDARD FINE (B.S.F.) AND BRITISH STANDARD PIPE

	Nom. dia. Inches	t.p.i.	Basic Depth of Thread Inches	Basic Major Diameter Inches	Basic Effective Diameter Inches	Basic Minor Diameter Inches
British Standard Fine (B.S.F.)	3/16	32	0.020 0	0.187 5	0.167 5	0.147 5
	7/32	28	0.022 9	0.218 8	0.195 9	0.173 0
	1/4	26	0.024 6	0.250 0	0.225 4	0.200 8
	5/16	22	0.029 1	0.312 5	0.283 4	0.254 3
	3/8	20	0.032 0	0.375 0	0.343 0	0.311 0
	7/16	18	0.035 6	0.437 5	0.401 9	0.366 3
	1/2	16	0.040 0	0.500 0	0.460 0	0.420 0
	9/16	16	0.040 0	0.562 5	0.522 5	0.482 5
	5/8	14	0.045 7	0.625 0	0.579 3	0.533 6
	11/16	14	0.045 7	0.687 5	0.641 8	0.596 1
	3/4	12	0.053 4	0.750 0	0.696 6	0.643 2
	7/8	11	0.058 2	0.875 0	0.816 8	0.758 6
	1	10	0.064 0	1.000 0	0.936 0	0.872 0
	1, 1/8	9	0.071 1	1.125 0	1.053 9	0.982 8
	1, 1/4	9	0.071 1	1.250 0	1.178 9	1.107 8
	1, 3/8	8	0.080 0	1.375 0	1.295 0	1.215 0
	1, 1/2	8	0.080 0	1.500 0	1.420 0	1.340 0
	1, 3/4	7	0.091 5	1.750 0	1.658 5	1.567 0
	2	7	0.091 5	2.000 0	1.908 5	1.817 0

	Nom. Size Inches	t.p.i.	Basic Depth of Thread Inches	Basic Major Diameter Inches	Basic Effective Diameter Inches	Basic Minor Diameter Inches
British Standard Pipe — Thread Angle 55°	1/16	28	0.022 9	0.304	0.281 2	0.258 3
	1/8	28	0.022 9	0.383	0.360 1	0.337 2
	1/4	19	0.033 7	0.518	0.484 3	0.450 6
	3/8	19	0.033 7	0.656	0.622 3	0.588 6
	1/2	14	0.045 7	0.825	0.779 3	0.733 6
	5/8	14	0.045 7	0.902	0.856 3	0.810 6
	3/4	14	0.045 7	1.041	0.995 3	0.949 6
	7/8	14	0.045 7	1.189	1.143 3	1.097 6
	1	11	0.058 2	1.309	1.250 8	1.192 6
	1, 1/4	11	0.058 2	1.650	1.591 8	1.533 6
	1, 1/2	11	0.058 2	1.882	1.823 8	1.765 6
	1, 3/4	11	0.058 2	2.116	2.057 8	1.999 6
	2	11	0.058 2	2.347	2.288 8	2.230 6
	2, 1/4	11	0.058 2	2.587	2.528 8	2.470 6
	2, 1/2	11	0.058 2	2.960	2.901 8	2.843 6
	2, 3/4	11	0.058 2	3.210	3.151 8	3.093 6
	3	11	0.058 2	3.460	3.401 8	3.343 6
	3, 1/4	11	0.058 2	3.700	3.641 8	3.583 6
	3, 1/2	11	0.058 2	3.950	3.891 8	3.833 6
	3, 3/4	11	0.058 2	4.200	4.141 8	4.083 6
	4	11	0.058 2	4.450	4.391 8	4.333 6

Screw Threads
BRITISH STANDARD TAPER PIPE (B.S.P.Tr.)

Nom. Size Inches	t.p.i.	Basic Depth of Thread Inches	Basic Diameters at Gauge Plane		
			Major Diameter Inches	Effective Diameter Inches	Minor Diameter Inches
1/16	28	0.022 9	0.304	0.281 2	0.258 3
1/8	28	0.022 9	0.383	0.360 1	0.337 2
1/4	19	0.033 7	0.518	0.484 3	0.450 6
3/8	19	0.033 7	0.656	0.622 3	0.588 6
1/2	14	0.045 7	0.825	0.779 3	0.733 6
3/4	14	0.045 7	1.041	0.995 3	0.949 6
1	11	0.058 2	1.309	1.250 8	1.192 6
1, 1/4	11	0.058 2	1.650	1.591 8	1.533 6
1, 1/2	11	0.058 2	1.882	1.823 8	1.765 6
2	11	0.058 2	2.347	2.288 8	2.230 6
2, 1/2	11	0.058 2	2.960	2.901 8	2.843 6

Thread form:

r = basic radius
  = 0.137 278 p

h = basic depth of thread
  = 0.640 327 p

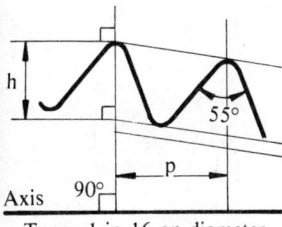

$p = \text{pitch} = \dfrac{1}{\text{t.p.i.}}$

Taper 1 in 16 on diameter

Gauge plane — the plane, perpendicular to the axis, at which the major cone has the gauge diameter.

Note: the gauge plane is theoretically located at the face of the internal thread or at a distance equal to the basic gauge length from the small end of the external thread.

Screw Threads

AMERICAN NATIONAL TAPER PIPE (N.P.T.)

Nom. Size	t.p.i.	Basic Depth of Thread	Outside Diameter of Pipe	Effective Diameter at Small End of External Thread	Effective Diameter at Large End of Internal Thread
Inches		Inches	Inches	Inches	Inches
1/16	27	0.029 6	0.312 5	0.271 2	0.281 2
1/8	27	0.029 6	0.405	0.363 5	0.373 6
1/4	18	0.044 4	0.540	0.477 4	0.491 6
3/8	18	0.044 4	0.675	0.612 0	0.627 0
1/2	14	0.057 1	0.840	0.758 4	0.778 4
3/4	14	0.057 1	1.050	0.967 7	0.988 9
1	11, 1/2	0.069 6	1.315	1.213 6	1.238 6
1, 1/4	11, 1/2	0.069 6	1.660	1.557 1	1.583 4
1, 1/2	11, 1/2	0.069 6	1.900	1.796 1	1.822 3
2	11, 1/2	0.069 6	2.375	2.269 0	2.296 3
2, 1/2	8	0.100 0	2.875	2.719 5	2.762 2

Thread form:

h = basic depth of thread
 = $0.8\,p$

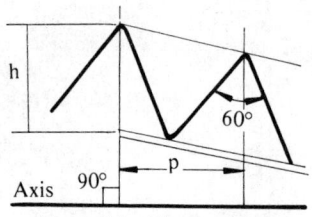

p = pitch = $\dfrac{1}{\text{t.p.i.}}$

Taper 1 in 15 on diameter

Twist Drill Sizes

DECIMAL EQUIVALENTS OF FRACTIONAL, METRIC, NUMBER AND LETTER DRILL DIAMETERS

Frac	mm	Gauge	inch	Frac	mm	Gauge	inch	Frac	mm	Gauge	inch
	0.30		0.0118		1.2		0.0472		2.870	33	0.1130
	0.32		0.0126		1.25		0.0492		2.9		0.1142
	0.343	80	0.0135		1.3		0.0512		2.946	32	0.1160
	0.35		0.0138		1.321	55	0.0520		2.95		0.1161
	0.368	79	0.0145		1.35		0.0531		3.00		0.1181
	0.38		0.0150		1.397	54	0.0550		3.048	31	0.1200
1/64	0.397		0.0156		1.4		0.0551		3.1		0.1220
	0.4		0.0157		1.45		0.0571	1/8	3.175		0.1250
	0.406	78	0.0160		1.5		0.0591		3.2		0.1260
	0.42		0.0165		1.511	53	0.0595		3.25		0.1280
	0.45		0.0177		1.55		0.0610		3.264	30	0.1285
	0.457	77	0.0180	1/16	1.588		0.0625		3.3		0.1299
	0.48		0.0189		1.6		0.0630		3.4		0.1339
	0.5		0.0197		1.613	52	0.0635		3.454	29	0.1360
	0.508	76	0.0200		1.65		0.0650		3.5		0.1378
	0.52		0.0205		1.7		0.0669		3.569	28	0.1405
	0.533	75	0.0210		1.702	51	0.0670	9/64	3.572		0.1406
	0.55		0.0217		1.75		0.0689		3.6		0.1417
	0.572	74	0.0225		1.778	50	0.0700		3.658	27	0.1440
	0.58		0.0228		1.8		0.0709		3.7		0.1457
	0.6		0.0236		1.85		0.0728		3.734	26	0.1470
	0.610	73	0.0240		1.854	49	0.0730		3.75		0.1476
	0.62		0.0244		1.9		0.0748		3.797	25	0.1495
	0.635	72	0.0250		1.930	48	0.0760		3.8		0.1496
	0.65		0.0256		1.95		0.0768		3.861	24	0.1520
	0.660	71	0.0260	5/64	1.984		0.0781		3.9		0.1535
	0.68		0.0268		1.994	47	0.0785		3.912	23	0.1540
	0.7		0.0276		2.00		0.0787	5/32	3.969		0.1562
	0.711	70	0.0280		2.05		0.0807		3.988	22	0.1570
	0.72		0.0283		2.057	46	0.0810		4.00		0.1575
	0.742	69	0.0292		2.083	45	0.0820		4.039	21	0.1590
	0.75		0.0295		2.1		0.0827		4.089	20	0.1610
	0.78		0.0307		2.15		0.0846		4.1		0.1614
	0.787	68	0.0310		2.184	44	0.0860		4.2		0.1654
1/32	0.794		0.0312		2.2		0.0866		4.216	19	0.1660
	0.8		0.0315		2.25		0.0886		4.25		0.1673
	0.813	67	0.0320		2.261	43	0.0890		4.3		0.1693
	0.82		0.0323		2.3		0.0906		4.305	18	0.1695
	0.838	66	0.0330		2.35		0.0925	11/64	4.366		0.1719
	0.85		0.0335		2.375	42	0.0935		4.394	17	0.1730
	0.88		0.0346	3/32	2.381		0.0938		4.4		0.1732
	0.889	65	0.0350		2.4		0.0945		4.496	16	0.1770
	0.9		0.0354		2.438	41	0.0960		4.5		0.1772
	0.914	64	0.0360		2.45		0.0965		4.572	15	0.1800
	0.92		0.0362		2.489	40	0.0980		4.6		0.1811
	0.940	63	0.0370		2.5		0.0985		4.623	14	0.1820
	0.95		0.0374		2.527	39	0.0995		4.7		0.1850
	0.965	62	0.0380		2.55		0.1004		4.75		0.1870
	0.98		0.0386		2.578	38	0.1015	3/16	4.762		0.1875
	0.991	61	0.0390		2.6		0.1024		4.8		0.1890
	1.00		0.0394		2.642	37	0.1040		4.851	11	0.1910
	1.016	60	0.0400		2.65		0.1043		4.9		0.1929
	1.041	59	0.0410		2.7		0.1063		4.915	10	0.1935
	1.05		0.0413		2.705	36	0.1065		4.978	9	0.1960
	1.067	58	0.0420		2.75		0.1083		5.00		0.1969
	1.092	57	0.0430	7/64	2.778		0.1094		5.055	8	0.1990
	1.1		0.0433		2.794	35	0.1100		5.1		0.2008
	1.15		0.0453		2.8		0.1102		5.105	7	0.2010
	1.181	56	0.0465		2.819	34	0.1110	13/64	5.159		0.2031
3/64	1.191		0.0469		2.85		0.1122		5.182	6	0.2040

Gauge and letter sizes are no longer recommended British Standard drill sizes. Every effort should be made to use the alternative Metric or Fractional sizes.

Twist Drill Sizes

DECIMAL EQUIVALENTS OF FRACTIONAL, METRIC, NUMBER AND LETTER DRILL DIAMETERS

Frac	mm	Gauge Letter	inch	Frac	mm	Letter	inch	Frac	mm	inch
	5.2		0.2047		8.00		0.3150		11.3	0.4449
	5.220	5	0.2055		8.026	O	0.3160		11.4	0.4488
	5.25		0.2067		8.1		0.3189		11.5	0.4528
	5.3		0.2087		8.2		0.3228	29/64	11.509	0.4531
	5.309	4	0.2090		8.204	P	0.3230		11.6	0.4567
	5.4		0.2126		8.25		0.3248		11.7	0.4606
	5.410	3	0.2130		8.3		0.3268		11.75	0.4626
	5.5		0.2165	21/64	8.334		0.3281		11.8	0.4646
7/32	5.556		0.2188		8.4		0.3307		11.9	0.4685
	5.6		0.2205		8.433	Q	0.3320	15/32	11.906	0.4688
	5.613	2	0.2210		8.5		0.3346		12.00	0.4724
	5.7		0.2244		8.6		0.3386		12.1	0.4764
	5.75		0.2264		8.611	R	0.3390		12.2	0.4803
	5.791	1	0.2280		8.7		0.3425		12.25	0.4823
	5.8		0.2283	11/32	8.731		0.3438		12.3	0.4843
	5.9		0.2323		8.75		0.3445	31/64	12.303	0.4844
	5.944	A	0.2340		8.8		0.3465		12.4	0.4882
15/64	5.953		0.2344		8.839	S	0.3480		12.5	0.4921
	6.00		0.2362		8.9		0.3504		12.6	0.4961
	6.045	B	0.2380		9.00		0.3543	1/2	12.7	0.5000
	6.1		0.2402		9.093	T	0.3580		12.75	0.5020
	6.147	C	0.2420		9.1		0.3583		12.8	0.5039
	6.20		0.2441	23/64	9.128		0.3594		12.9	0.5079
	6.248	D	0.2460		9.2		0.3622		13.00	0.5118
	6.25		0.2461		9.25		0.3642	33/64	13.097	0.5156
	6.3		0.2480		9.3		0.3661		13.1	0.5157
1/4	6.350	E	0.2500		9.347	U	0.3680		13.2	0.5197
	6.4		0.2520		9.4		0.3701		13.25	0.5217
	6.5		0.2559		9.5		0.3740		13.3	0.5236
	6.528	F	0.2570	3/8	9.525		0.3750		13.4	0.5276
	6.6		0.2598		9.576	V	0.3770	17/32	13.494	0.5312
	6.629	G	0.2610		9.6		0.3780		13.5	0.5315
	6.7		0.2638		9.7		0.3819		13.6	0.5354
17/64	6.747		0.2656		9.75		0.3839		13.7	0.5394
	6.75		0.2657		9.8		0.3858		13.75	0.5413
	6.756	H	0.2660		9.804	W	0.3860		13.8	0.5433
	6.8		0.2677		9.9		0.3898	35/64	13.891	0.5469
	6.9		0.2717	25/64	9.922		0.3906		13.9	0.5472
	6.909	I	0.2720		10.00		0.3937		14.00	0.5512
	7.00		0.2756		10.084	X	0.3970		14.25	0.5610
	7.036	J	0.2770		10.1		0.3976	9/16	14.288	0.5625
	7.1		0.2795		10.2		0.4016		14.5	0.5709
	7.137	K	0.2810		10.25		0.4035	37/64	14.684	0.5781
9/32	7.144		0.2812		10.262	Y	0.4040		14.75	0.5807
	7.2		0.2835		10.3		0.4055		15.00	0.5906
	7.25		0.2854	13/32	10.319		0.4062	19/32	15.081	0.5938
	7.3		0.2874		10.4		0.4094		15.25	0.6004
	7.366	L	0.2900		10.490	Z	0.4130	39/64	15.478	0.6094
	7.4		0.2913		10.5		0.4134		15.5	0.6102
	7.493	M	0.2950		10.6		0.4173		15.75	0.6201
	7.5		0.2953		10.7		0.4213	5/8	15.875	0.6250
19/64	7.541		0.2969	27/64	10.716		0.4219		16.0	0.6299
	7.6		0.2992		10.75		0.4232		16.25	0.6398
	7.671	N	0.3020		10.8		0.4252	41/64	16.272	0.6406
	7.7		0.3031		10.9		0.4291		16.5	0.6496
	7.75		0.3051		11.0		0.4331	21/32	16.669	0.6562
	7.8		0.3071		11.1		0.4370		16.75	0.6594
	7.9		0.3110	7/16	11.112		0.4375		17.00	0.6693
5/16	7.938		0.3125		11.2		0.4409	43/64	17.066	0.6719
					11.25		0.4429		17.25	0.6791

Gauge and letter sizes are no longer recommended British Standard drill size
Every effort should be made to use the alternative Metric or Fractional size

Twist Drill Sizes

DECIMAL EQUIVALENTS OF FRACTIONAL, METRIC, NUMBER AND LETTER DRILL DIAMETERS

Frac	mm	inch	Frac	mm	inch	Frac	mm	inch
11/16	17.462	0.687 5		26.5	1.043 3	1, 15/32	37.306	1.468 8
	17.5	0.689 0	1, 3/64	26.591	1.046 9		37.5	1.476 4
	17.75	0.698 8		26.75	1.053 1	1, 31/64	37.703	1.484 4
45/64	17.859	0.703 1	1, 1/16	26.988	1.062 5		38.0	1.496 1
	18.0	0.708 7		27.00	1.063 0	1, 1/2	38.100	1.500 0
	18.25	0.718 5		27.25	1.072 8	1, 33/64	38.497	1.515 6
23/32	18.256	0.718 8	1, 5/64	27.384	1.078 1		38.5	1.515 7
	18.5	0.728 3		27.5	1.082 7	1, 17/32	38.894	1.531 2
47/64	18.653	0.734 4		27.75	1.092 5		39.0	1.535 4
	18.75	0.738 2	1, 3/32	27.781	1.093 8	1, 35/64	39.291	1.546 9
	19.00	0.748 0		28.0	1.102 4		39.5	1.555 1
3/4	19.05	0.750 0	1, 7/64	28.178	1.109 4	1, 9/16	39.688	1.562 5
	19.25	0.757 9		28.25	1.112 2		40.0	1.574 8
49/64	19.447	0.765 6		28.5	1.122 0	1, 37/64	40.084	1.578 1
	19.5	0.767 7	1, 1/8	28.575	1.125 0	1, 19/32	40.481	1.593 8
	19.75	0.777 6		28.75	1.131 9		40.5	1.594 5
25/32	19.844	0.781 2	1, 9/64	28.972	1.140 6	1, 39/64	40.878	1.609 4
	20.00	0.787 4		29.0	1.141 7		41.0	1.614 2
51/64	20.241	0.796 9		29.25	1.151 6	1, 5/8	41.275	1.625 0
	20.25	0.797 2	1, 5/32	29.369	1.156 2		41.5	1.633 9
	20.422	0.804 0		29.5	1.161 4	1, 41/64	41.672	1.640 6
	20.5	0.807 1		29.75	1.171 3		42.0	1.653 5
13/16	20.638	0.812 5	1, 11/64	29.766	1.171 9	1, 21/32	42.069	1.656 2
	20.75	0.816 9		30.0	1.181 1	1, 43/64	42.466	1.671 9
	21.00	0.826 8	1, 3/16	30.162	1.187 5		42.5	1.673 2
53/64	21.034	0.828 1		30.25	1.190 9	1, 11/16	42.862	1.687 5
	21.25	0.836 6		30.5	1.200 8		43.0	1.692 9
27/32	21.431	0.843 8	1, 13/64	30.559	1.203 1	1, 45/64	43.259	1.703 1
	21.5	0.846 5		30.75	1,210 6		43.5	1.712 6
	21.75	0.856 3	1, 7/32	30.956	1.218 8	1, 23/32	43.656	1.718 8
55/64	21.828	0.859 4		31.0	1.220 5		44.0	1.732 3
	22.0	0.866 1		31.25	1.230 3	1, 47/64	44.053	1.734 4
7/8	22.225	0.875 0	1, 15/64	31.353	1.234 4	1, 3/4	44.450	1.750 0
	22.25	0.876 0		31.5	1.240 2		44.5	1.752 0
	22.5	0.885 8	1, 1/4	31.75	1.250 0	1, 49/64	44.847	1.765 6
57/64	22.622	0.890 6		32.0	1.259 8		45.0	1.771 7
	22.75	0.995 7	1, 17/64	32.147	1.265 6	1, 25/32	45.244	1.781 2
	23.0	0.905 5		32.5	1.279 5		45.5	1.791 3
29/32	23.019	0.906 2	1, 9/32	32.544	1.281 2	1, 51/64	45.641	1.796 9
	23.25	0.915 4		32.766	1.290 0		46.0	1.811 0
59/64	23.416	0.921 9	1, 19/64	32.941	1.296 9	1, 13/16	46.038	1.812 5
	23.5	0.925 2		33.0	1.299 2	1, 53/64	46.434	1.828 1
	23.75	0.935 0	1, 5/16	33.338	1.312 5		46.5	1.830 7
15/16	23.812	0.937 5		33.5	1.318 9	1, 27/32	46.831	1.843 8
	24.0	0.944 9	1, 21/64	33.734	1.328 1		47.0	1.850 4
61/64	24.209	0.953 1		34.0	1.338 6	1, 55/64	47.228	1.859 4
	24.25	0.954 7	1, 11/32	34.131	1.343 8		47.5	1.870 1
	24.5	0.964 6		34.5	1.358 3	1, 7/8	47.625	1.875 0
31/32	24.606	0.968 8	1, 23/64	34.528	1.359 4		48.0	1.889 8
	24.75	0.974 4	1, 3/8	34.925	1.375 0	1, 57/64	48.022	1.890 6
	25.0	0.984 3		35.0	1.378 0	1, 29/32	48.419	1.906 2
63/64	25.003	0.984 4	1, 25/64	35.322	1.390 6		48.5	1.909 4
	25.25	0.994 1		35.5	1.397 6	1, 59/64	48.816	1.921 9
1	25.400	1.000 0	1, 13/32	35.719	1.406 2		49.0	1.929 1
	25.5	1.003 9		36.0	1.417 3	1, 15/16	49.212	1.937 5
	25.75	1.013 8	1, 27/64	36.116	1.421 9		49.5	1.948 8
1, 1/64	25.797	1.015 6		36.5	1.437 0	1, 61/64	49.609	1.953 1
	26.0	1.023 6	1, 7/16	36.512	1.437 5		50.0	1.968 5
1, 1/32	26.194	1.031 2	1, 29/64	36.909	1.453 1	1, 31/32	50.006	1.968 8
	26.25	1.033 5		37.0	1.456 7	1, 63/64	50.403	1.984 4
							50.5	1.988 2
						2	50.800	2.000 0

Gauge and letter sizes are no longer recommended British Standard drill sizes. Every effort should be made to use the alternative Metric or Fractional sizes.

Cutting Speeds and Feeds for Metric Size Drills

Drill Diameter mm	Decimal Equivalent inches	Cutting Speed m/min 6 ft/min 19.68	9 29.53	15 49.21	30 98.42	Feeds Feed/rev mm General Purpose Work	Austentic Stainless Steels and Nimonic Alloys
		Revolutions per Minute					
0.5	0.019 7	3 820	5 730	9 549	19 099		
1.0	0.039 4	1 910	2 865	4 775	9 549		
1.2	0.047 2	1 592	2 387	3 979	7 958		
1.4	0.055 1	1 364	2 046	3 410	6 821		
1.5	0.059 1	1 273	1 910	3 183	6 366		
1.6	0.063 0	1 194	1 791	2 984	5 968		
1.7	0.066 9	1 123	1 685	2 809	5 617		
1.8	0.070 9	1 061	1 592	2 653	5 305		
2.0	0.078 7	955	1 432	2 387	4 775		
2.2	0.086 6	868	1 302	2 170	4 341		
2.3	0.090 6	830	1 246	2 076	4 152		
2.5	0.098 4	764	1 146	1 910	3 820		
2.6	0.102 4	735	1 102	1 836	3 673		
3.0	0.118 1	637	955	1 592	3 183		
3.5	0.137 8	546	819	1 364	2 728	0.05	0.06
4.0	0.157 5	477	716	1 194	2 387	0.10	0.15
4.5	0.177 2	424	637	1 061	2 122	0.075	0.10
5.0	0.196 9	382	573	955	1 910	to	to
5.5	0.216 5	347	521	868	1 736	0.15	0.23
6.0	0.236 2	318	477	797	1 592	0.10	0.125
7.0	0.275 6	273	409	682	1 364	to	to
8.0	0.315 0	239	358	597	1 194	0.20	0.30
9.0	0.354 3	212	318	531	1 061	0.15	0.19
10.0	0.393 7	191	286	477	955	to	to
11.0	0.433 1	174	260	434	868	0.25	0.38
12.0	0.472 4	159	239	398	796	0.20	0.25
13.0	0.511 8	147	220	367	735	to	to
14.0	0.551 2	136	205	341	682	0.30	0.45

Cutting Speeds and Feeds for Metric Size Drills

Drill Diameter		Cutting Speed				Feeds	
		m/min	6	9	15	30	Feed/rev mm	
		ft/min	19.68	29.53	49.21	98.42		
	Decimal Equivalent	Revolutions per Minute					General Purpose Work	Austenitic Stainless Steels and Nimonic Alloys
mm	inches							
15.0	0.590 6	127	191	318	637	0.23	0.28
16.0	0.629 9	119	179	298	597	to	to
17.0	0.669 3	112	169	281	562	0.33	0.50
18.0	0.708 7	106	159	265	531	0.25	0.31
19.0	0.748 0	101	151	251	503	to	to
20.0	0.787 4	95	143	239	478	0.36	0.53
22.0	0.866 1	87	130	217	434	0.28	0.34
24.0	0.944 9	80	119	199	398	0.38	0.56
26.0	1.023 6	73	110	184	367	0.30	0.38
27.0	1.063 0	71	106	177	354	to	to
28.0	1.102 4	68	102	171	341	0.40	0.60
30.0	1.181 1	64	95	159	318	0.35	0.44
33.0	1.299 2	58	87	145	289	to	to
35.0	1.378 0	55	82	136	273		
36.0	1.417 3	53	80	133	265	0.45	0.68
39.0	1.535 4	49	73	122	245	0.40	0.50
40.0	1.574 8	48	72	119	239		
42.0	1.653 5	45	68	114	227	to	to
45.0	1.771 7	42	64	106	212		
48.0	1.889 8	40	60	99	199	0.50	0.75
50.0	1.968 5	38	57	96	191		
52.0	2.047 2	37	55	92	184		
56.0	2.204 7	34	51	85	171	or greater according to work	or greater according to work
60.0	2.362 2	32	48	80	159		
70.0	2.755 9	27	41	68	136		
80.0	3.149 6	24	36	60	119		
90.0	3.543 3	21	32	53	106		
100.0	3.937 0	19	29	48	95		

Cutting Speeds and Feeds for Fractional Size Drills

Drill Diameter	Decimal Equivalent	Cutting Speed				Feeds	
		ft/min 20	30	50	100	Feed/rev inches	
		m/min 6.10	9.14	15.24	30.48		
inches	inches	Revolutions per Minute				General Purpose Work	Austenitic Stainless Steels and Nimonic Alloys
1/32	0.031 2	2 449	3 673	6 121	12 244	0.001 5 to 0.002 5	0.002 to 0.003 5
3/64	0.046 9	1 629	2 443	4 072	8 144		
1/16	0.062 5	1 222	1 833	3 056	6 112		
5/64	0.078 1	978	1 467	2 445	4 891		
3/32	0.093 8	814	1 222	2 036	4 072		
7/64	0.109 4	698	1 047	1 746	3 492	0.002 to 0.004	0.002 5 to 0.006
1/8	0.125 0	611	917	1 528	3 056		
9/64	0.140 6	543	815	1 358	2 717		
5/32	0.156 2	489	734	1 223	2 445		
11/64	0.171 9	444	667	1 111	2 222	0.003 to 0.006	0.004 to 0.009
3/16	0.187 5	407	611	1 019	2 037		
7/32	0.218 8	349	524	873	1 746		
1/4	0.250 0	306	458	764	1 528	0.004 to 0.008	0.005 to 0.012
9/32	0.281 2	272	408	680	1 358		
5/16	0.312 5	244	367	611	1 222		
11/32	0.343 8	222	333	555	1 111	0.006 to 0.010	0.007 5 to 0.015
3/8	0.375 0	204	306	509	1 019		
7/16	0.437 5	175	262	437	873		
1/2	0.500 0	153	229	382	761	0.008	0.010
9/16	0.562 5	136	204	340	679	0.012	0.018
5/8	0.625 0	122	183	306	611	0.009	0.011
11/16	0.687 5	111	167	278	556	0.013	0.020
3/4	0.750 0	102	153	255	509	0.010	0.012 5
13/16	0.812 5	94	141	235	470	0.014	0.021
7/8	0.875 0	87	131	218	437	0.011	0.013 5
15/16	0.9375	81	122	204	407	0.015	0.022

Cutting Speeds and Feeds for Fractional Size Drills

Drill Diameter inches	Decimal Equivalent inches	Cutting Speed				Feeds	
		ft/min 20	30	50	100	Feed/rev inches	
		m/min 6.10	9.14	15.24	30.48	General Purpose Work	Austenitic Stainless Steels and Nimonic Alloys
		Revolutions per Minute					
1	1.0000	76	115	191	382	0.012	0.015
1, 1/8	1.1250	68	102	170	340	0.016	0.024
1, 1/4	1.2500	61	92	153	306	0.014	0.0175
1, 3/8	1.3750	56	83	139	276	to	to
1, 1/2	1.5000	51	76	127	255	0.018	0.027
1, 5/8	1.6250	47	71	118	235	0.016	0.020
1, 3/4	1.7500	44	65	109	218	to	to
1, 7/8	1.8750	41	61	102	204	0.020	0.030
2	2.0000	38	57	95	191		
2, 1/4	2.2500	34	51	85	170		
2, 1/2	2.5000	31	46	76	153	or greater according to work	or greater according to work
2, 3/4	2.7500	28	42	69	139		
3	3.0000	25	38	64	127		
3, 1/4	3.2500	24	35	59	118		
3, 1/2	3.5000	22	33	55	109		
3, 3/4	3.7500	20	31	51	102		
4	4.0000	19	29	48	95		

RPM for peripheral speeds not given can be obtained by simple addition or subtraction.

Examples

For	12 mm diameter	45 m/min = 15+30 = 398+796	= 1 194 RPM
For	2.3 mm diameter	12 m/min = 15−6/2 = 2 076−830/2	= 1 661 RPM
For	1/8 in diameter	150 ft/min = 100+50 = 3 056+1 528	= 4 584 RPM
For	1/2 in diameter	60 ft/min = 30+30 = 229+229	= 458 RPM

Recommended Peripheral Speeds for High Speed Twist Drills

Type	BS 970 EN Series No.	Peripheral Speed Ft/min	Peripheral Speed m/min
Ferrous Materials			
Non Alloy Steels			
a) Up to 0.40% Carbon Content	2, 3, 4, 5, 6, 7, 8, 32	80–100	24–30
b) 0.40% to 0.70% Carbon Content	9, 10, 43	60–80	18–24
c) Over 0.70% Carbon Content	42, 44	40–60	12–18
Alloy Steels			
a) Up to 60 tons tensile	11 (T), 12, 13, 14, 15, 16 (RST), 17 (RST), 18, 19 (RST), 20 (T), 21, 22, 23 (ST), 24 (ST), 25 (T), 27 (T), 29 (RST), 31, 33, 34, 35, 36, 37, 38, 39, 40 (RST), 41, 51, 52, 53, 100 (RST), 110 (RST), 111 (RST), 160 (RST).	50–70	15–21
b) 60–80 tons tensile	11 (V), 16 (UV), 17 (UV), 18 (UVW), 19 (UV), 20 (V), 23 (UV), 24 (UVWX), 25 (UVWX), 26 (UVWX), 27 (UVW), 28 (UVW), 29 (UVW), 40 (U), 100 (UV), 110 (UVW), 111 (U), 160 (U).	30–50	9–15
c) Over 80 tons tensile	19 (W), 24 (YZ), 25 (WZ), 26 (YZ), 28 (Y), 29 (Z)	15–30	4.5–9
Martensitic Stainless Steels (Magnetic)	56, 57	40–60	12–18
Austenitic Stainless Steels & Irons (Non Magnetic)	54, 55, 58	20–40	6–12
12/14% Manganese Steel		10–12	3–3.5
Grey Cast Iron		80–100	24–30
Alloyed Cast Iron		50–70	15–21
Non Ferrous Materials			
Aluminium and Aluminium alloys		100–200	30–61
Brass		100–150	30–46
Brass, Leaded		100–200	30–61
Bronze, Ordinary		100–200	30–61
Bronze, High Tensile		70–100	21–30
Copper		100–150	30–46
Magnesium and Magnesium Alloys		200–300	61–91
Monel Metal		20–50	6–15
Nickel		30–50	9–15
Nimonic Alloys		10–20	3–6
Titanium		15–30	4.5–9
Zinc Base Alloys (Mazak)		150–250	46–76

Recommended Tapping and Clearance Drill Sizes

UNIFIED FINE THREAD (U.N.F.)

Nominal Size of Tap	Tapping Drill Size (mm)	Clearance Drill Size (mm)	Nominal Size of Tap	Tapping Drill Size (mm)	Clearance Drill Size (mm)
0	1.25	1.60	5	2.70	3.30
1	1.55	1.95	6	2.95	3.60
2	1.90	2.30	8	3.50	4.30
3	2.15	2.65	10	4.10	4.90
4	2.40	2.95	12	4.70	5.60

UNIFIED FINE THREAD (U.N.F.)

Nominal Size of Tap	Tapping Drill Size (mm)	Clearance Drill Size (mm)	Nominal Size of Tap	Tapping Drill Size (mm)	Clearance Drill Size (mm)
1/4"	5.50	6.50	3/4"	17.50	19.25
5/16"	6.90	8.10	7/8"	20.40	22.50
3/8"	8.50	9.70	1"	23.25	25.75
7/16"	9.90	11.30	1, 1/8"	26.50	29.00
1/2"	11.50	13.00	1, 1/4"	29.50	32.00
9/16"	12.90	14.50	1, 3/8"	32.75	35.50
5/8"	14.50	16.25	1, 1/2"	36.00	38.50

UNIFIED COARSE THREAD (U.N.C.)

Nominal Size of Tap	Tapping Drill Size (mm)	Clearance Drill Size (mm)	Nominal Size of Tap	Tapping Drill Size (mm)	Clearance Drill Size (mm)
0	1.55	1.95	7/16"	9.40	11.30
2	1.85	2.30	1/2"	10.80	13.00
3	2.10	2.65	9/16"	12.20	14.50
4	2.35	2.95	5/8"	13.50	16.25
5	2.65	3.30	3/4"	16.50	19.25
6	2.85	3.60	7/8"	19.50	22.50
8	3.50	4.30	1"	22.25	25.75
10	3.90	4.90	1, 1/8"	25.00	29.00
12	4.50	5.60	1, 1/4"	28.00	32.00
1/4"	5.10	6.50	1, 3/8"	30.75	35.50
5/16"	6.60	8.10	1, 1/2"	34.00	38.50
3/8"	8.00	9.70	1, 3/4"	39.50	45.00
			2"	45.00	51.00

Recommended Tapping and Clearance Drill Sizes

BRITISH STANDARD FINE THREAD (B.S.F.)

Nominal Size of Tap	Tapping Drill Size (mm)	Clearance Drill Size (mm)	Nominal Size of Tap	Tapping Drill Size (mm)	Clearance Drill Size (mm)
3/16"	4.0	4.90	5/8"	14.00	16.25
7/32"	4.60	5.70	11/16"	15.50	17.75
1/4"	5.30	6.50	3/4"	16.75	19.25
9/32"	6.10	7.30	7/8"	19.75	22.50
5/16"	6.80	8.10	1"	22.75	25.75
3/8"	8.30	9.70	1, 1/8"	25.50	29.00
7/16"	9.70	11.30	1, 1/4"	28.50	32.00
1/2"	11.10	13.00	1, 3/8"	31.50	35.50
9/16"	12.70	14.50	1, 1/2"	34.50	38.50

BRITISH ASSOCIATION THREAD (B.A.)

Nominal Size of Tap	Tapping Drill Size (mm)	Clearance Drill Size (mm)	Nominal Size of Tap	Tapping Drill Size (mm)	Clearance Drill Size (mm)
0	5.10	6.10	9	1.55	1.95
1	4.50	5.40	10	1.40	1.75
2	4.00	4.80	11	1.20	1.60
3	3.40	4.20	12	1.05	1.40
4	3.00	3.70	13	0.98	1.30
5	2.65	3.30	14	0.80	1.10
6	2.30	2.90	15	0.70	0.98
7	2.05	2.60	16	0.60	0.88
8	1.80	2.25			

BRITISH STANDARD WHITWORTH THREAD (B.S.W.)

Nominal Size of Tap	Tapping Drill Size (mm)	Clearance Drill Size (mm)	Nominal Size of Tap	Tapping Drill Size (mm)	Clearance Drill Size (mm)
1/8"	2.55	3.30	11/16"	15.00	17.75
3/16"	3.70	4.90	3/4"	16.25	19.25
1/4"	5.10	6.50	7/8"	19.25	22.50
5/16"	6.50	8.10	1"	22.00	25.75
3/8"	7.90	9.70	1, 1/8"	24.75	29.00
7/16"	9.30	11.30	1, 1/4"	28.00	32.00
1/2"	10.50	13.00	1, 1/2"	33.50	38.50
9/16"	12.10	14.50	1, 3/4"	39.00	45.00
5/8"	13.50	16.25	2"	44.50	51.00

Recommended Tapping and Clearance Drill Sizes

I.S.O. METRIC THREAD (COARSE PITCH SERIES)

Nominal Size of Tap (mm)	Pitch (mm)	Tapping Drill Size (mm)	Clearance Drill Size (mm)	Nominal Size of Tap (mm)	Pitch (mm)	Tapping Drill Size (mm)	Clearance Drill Size (mm)
1.0	0.25	0.75	1.05	11.0	1.50	9.50	11.20
1.1	0.25	0.85	1.15	12.0	1.75	10.20	12.20
1.2	0.25	0.95	1.25	14.0	2.00	12.00	14.25
1.4	0.30	1.10	1.45	16.0	2.00	14.00	16.25
1.6	0.35	1.25	1.65	18.0	2.50	15.50	18.25
1.8	0.35	1.45	1.85	20.0	2.50	17.50	20.25
2.0	0.40	1.60	2.05	22.0	2.50	19.50	22.25
2.2	0.45	1.75	2.25	24.0	3.00	21.00	24.25
2.5	0.45	2.05	2.60	27.0	3.00	24.00	27.25
3.0	0.50	2.50	3.10	30.0	3.50	26.50	30.50
3.5	0.60	2.90	3.60	33.0	3.50	29.50	33.50
4.0	0.70	3.30	4.10	36.0	4.00	32.00	36.50
4.5	0.75	3.70	4.60	39.0	4.00	35.00	39.50
5.0	0.80	4.20	5.10	42.0	4.50	37.50	42.50
6.0	1.00	5.00	6.10	45.0	4.50	40.50	45.50
7.0	1.00	6.00	7.20	48.0	5.00	43.00	48.50
8.0	1.25	6.80	8.20	52.0	5.00	47.00	53.00
9.0	1.25	7.80	9.20	56.0	5.50	50.50	57.00
10.0	1.50	8.50	10.20				

BRITISH STANDARD PIPE THREAD (B.S.P.)

Nominal Size of Tap	Tapping Drill Size (mm) BSP.Pl.	Tapping Drill Size (mm) BSP.F.	Nominal Size of Tap	Tapping Drill Size (mm) BSP.Pl.	Tapping Drill Size (mm) BSP.F.
1/8"	8.60	8.80	7/8"		28.25
1/4"	11.50	11.80	1"		30.75
3/8"	15.00	15.25	1, 1/4"	39.00	39.50
1/2"	18.75	19.00	1, 1/2"	45.00	45.00
5/8"		21.00	1, 3/4"		51.00
3/4"	24.25	24.50	2"		57.00

BRITISH STANDARD TAPER PIPE THREAD (B.S.P.Tr.)

Nominal Size of Tap	Tapping Drill Size (mm)* with Reamer	Tapping Drill Size (mm)* without Reamer	Nominal Size of Tap	Tapping Drill Size (mm)* with Reamer	Tapping Drill Size (mm)* without Reamer
1/8"	8.0	8.40	1"	29.00	30.00
1/4"	10.80	11.20	1, 1/4"	37.50	38.50
3/8"	14.25	14.75	1, 1/2"	43.50	44.50
1/2"	17.75	18.25	2"	55.00	56.00
3/4"	23.00	23.75	2, 1/2"	70.00	71.00

*The use of a Taper Reamer is strongly recommended.

Tapers

Cone of Taper	Taper per ft on dia	Included Angle		Angle with Centre Line	
1 in 60	1/64"	4'	28"	2'	14"
1 in 55	1/16"	17'	54"	8'	57"
1 in 50	1/8"	35'	49"	17'	54"
1 in 48	3/16"	53'	43"	26'	51"
1 in 45		57'	18"	28'	39"
1 in 40		1° 2'	30"	31'	15"
1 in 48	1/4"	1° 8'	47"	34'	23"
1 in 40		1° 11'	37"	35'	48"
1 in 35	5/16"	1° 16'	23"	38'	12"
		1° 25'	56"	42'	58"
		1° 29'	31"	44'	46"
1 in 35	3/8"	1° 38'	13"	49'	6"
1 in 30	7/16"	1° 47'	25"	53'	43"
		1° 54'	35"	57'	17"
1 in 25	1/2"	2° 5'	19"	1° 2'	40"
	9/16"	2° 17'	29"	1° 8'	45"
		2° 23'	13"	1° 11'	36"
1 in 20	5/8"	2° 41'	7"	1° 20'	33"
		2° 51'	51"	1° 25'	55"
		2° 59'	0"	1° 29'	30"
1 in 19	11/16"	3° 0'	54"	1° 30'	27"
1 in 18		3° 10'	56"	1° 35'	28"
		3° 16'	54"	1° 38'	27"
1 in 17	3/4"	3° 22'	10"	1° 41'	5"
1 in 16		3° 34'	47"	1° 47'	24"
1 in 15	13/16"	3° 49'	6"	1° 54'	33"
		3° 52'	40"	1° 56'	20"
1 in 14	7/8"	4° 5'	27"	2° 2'	43"
		4° 10'	33"	2° 5'	17"
1 in 13	15/16"	4° 24'	19"	2° 12'	9"
		4° 28'	25"	2° 14'	13"

Cone of Taper	Taper per ft on dia	Included Angle		Angle with Centre Line	
1 in 12	1"	4° 46'	19"	2° 23'	9"
1 in 11		5° 12'	19"	2° 36'	9"
1 in 10	1, 1/8"	5° 22'	3"	2° 41'	2"
		5° 43'	29"	2° 51'	45"
1 in 9½	1, 1/4"	5° 57'	46"	2° 58'	53"
1 in 9		6° 1'	32"	3° 0'	46"
1 in 8½	1, 3/8"	6° 21'	35"	3° 10'	47"
1 in 8		6° 33'	29"	3° 16'	44"
1 in 7½		6° 43'	58"	3° 21'	59"
1 in 7	1, 1/2"	7° 9'	9"	3° 34'	35"
		7° 37'	42"	3° 48'	51"
1 in 6½	1, 5/8"	7° 44'	49"	3° 52'	24"
		8° 10'	16"	4° 5'	8"
1 in 6	1, 3/4"	8° 20'	27"	4° 10'	14"
1 in 5½	1, 7/8"	8° 47'	51"	4° 23'	55"
	2"	8° 56'	4"	4° 28'	2"
1 in 5	2, 1/4"	9° 31'	38"	4° 45'	49"
		10° 23'	20"	5° 11'	40"
1 in 4½	2, 1/2"	10° 42'	42"	5° 21'	21"
		11° 25'	16"	5° 42'	38"
1 in 4	2, 3/4"	11° 53'	38"	5° 56'	49"
	3"	12° 40'	49"	6° 20'	25"
1 in 3½	3, 1/4"	13° 15'	24"	6° 32'	12"
		14° 15'	0"	7° 7'	30"
		15° 25'	26"	7° 42'	43"
		16° 15'	37"	8° 7'	48"
1 in 3	3, 1/2"	17° 45'	39"	8° 52'	50"
1 in 2½	3, 3/4"	18° 55'	41"	9° 27'	50"
1 in 2	4"	22° 37'	29"	11° 18'	44"
		28° 4'	21"	14° 2'	10"

Self Holding Tapers
MORSE

Taper	Taper per ft on dia	Included Angle			Angle with Centre Line			Metric
Morse 0	0.624 60"	2°	58'	54"	1°	29'	27"	0.052 05
1	0.598 58"	2°	51'	27"	1°	25'	43"	0.049 88
2	0.599 41"	2°	51'	41"	1°	25'	50"	0.049 95
3	0.602 35"	2°	52'	31"	1°	26'	16"	0.050 20
4	0.623 26"	2°	58'	31"	1°	29'	15"	0.051 94
5	0.631 51"	3°	0'	52"	1°	30'	26"	0.052 63
6	0.625 65"	2°	59'	12"	1°	29'	36"	0.052 14

METRIC

Taper	Taper per ft on dia	Included Angle			Angle with Centre Line			Metric
Metric 4								
6								
80								
100	0.650"	2°	51'	51"	1°	25'	56"	0.05
120								
160								
200								

Brown and Sharp Tapers

Taper	Taper per ft on dia	Included Angle			Angle with Centre Line			Metric
10	0.516 1"	2°	27'	50"	1°	13'	55"	0.043 008
All Others 1—9 and 11—18	0.500"	2°	23'	13"	1°	11'	36"	0.041 667

Self Release Tapers

Taper	Taper per ft on dia	Included Angle			Angle with Centre Line			Metric
7/24 30								
40	3.500"	16°	35'	39"	8°	17'	50"	0.291 667
50								
60								

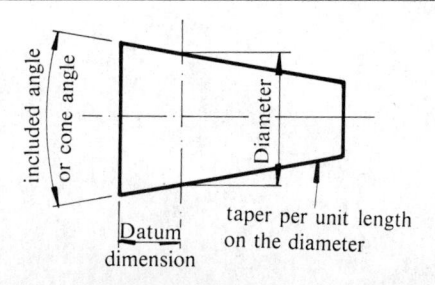

included angle or cone angle

Diameter

Datum dimension

taper per unit length on the diameter

Imperial Standard Wire Gauge

Size on Wire Gauge	Diameter		Sectional Area		Steel Wire Mass of			Dia. inch	
	inch	mm	sq inch	sq mm	100 yards	one mile	one km	B	A
					lb	lb	kg		
7/0	0.500	12.7	0.196 3	126.7	193.4	3 404	959		
6/0	0.464	11.8	0.169 1	109.4	166.5	2 930	826		
5/0	0.432	11.0	0.146 6	95.03	144.4	2 541	716		
4/0	0.400	10.160	0.125 7	81.07	123.8	2 179	614	0.454	0.460 0
3/0	0.372	9.448	0.108 7	70.11	107.1	1 885	531	0.425	0.409 6
2/0	0.348	8.839	0.095 1	61.36	93.7	1 649	465	0.380	0.364 8
0	0.324	8.229	0.082 4	53.18	81.2	1 429	403	0.340	0.324 8
1	0.300	7.620	0.070 7	45.60	69.6	1 225	345	0.300	0.289 3
2	0.276	7.010	0.059 8	38.59	58.9	1 037	292	0.284	0.257 6
3	0.252	6.400	0.049 9	32.17	49.1	864	244	0.259	0.229 4
4	0.232	5.892	0.042 3	27.27	41.6	732	206	0.238	0.204 3
5	0.212	5.384	0.035 3	22.77	34.8	612	172	0.220	0.181 9
6	0.192	4.876	0.029 0	18.67	28.5	502	141	0.203	0.162 0
7	0.176	4.470	0.024 3	15.69	24.0	422	119	0.180	0.144 3
8	0.160	4.064	0.020 1	12.97	19.8	348	98	0.165	0.128 5
9	0.144	3.657	0.016 3	10.50	16.0	282	79	0.148	0.114 4
10	0.128	3.251	0.012 9	8.301	12.7	223	63	0.134	0.101 9
11	0.116	2.946	0.010 6	6.816	10.4	183	52	0.120	0.090 7
12	0.104	2.640	0.008 5	5.474	8.4	148	42	0.109	0.080 8
13	0.092	2.336	0.006 6	4.286	6.5	114	32	0.095	0.071 9
14	0.080	2.032	0.005 0	3.243	5.0	88	25	0.083	0.064 1
15	0.072	1.828	0.004 1	2.624	4.0	70	20	0.072	0.057 0
16	0.064	1.625	0.003 2	2.074	3.2	56	16	0.065	0.050 8
17	0.056	1.422	0.002 5	1.588	2.4	42	12	0.058	0.045 2
18	0.048	1.219	0.001 8	1.167	1.8	32	9.0	0.049	0.040 3
19	0.040	1.016	0.001 3	0.810 7	1.2	21	5.9	0.042	0.035 9
20	0.036	0.914	0.001 0	0.656 1	1.0	18	5.1	0.035	0.031 9
21	0.032	0.812	0.000 8	0.517 8	0.8	14	3.9	0.032	0.028 5
22	0.028	0.711	0.000 616	0.397 0	0.62	11	3.1	0.028	0.025 3
23	0.024	0.609	0.000 452	0.291 3	0.45	8.1	2.3	0.025	0.022 6
24	0.022	0.558	0.000 380	0.244 5	0.38	6.8	1.9	0.022	0.020 1
25	0.020	0.508	0.000 314	0.202 7	0.31	5.6	1.6	0.020	0.017 9
26	0.018	0.457	0.000 254	0.164 0	0.25	4.6	1.3	0.018	0.015 9
27	0.016 4	0.416	0.000 211	0.135 9	0.21	3.8	1.1	0.016	0.014 2
28	0.014 8	0.375	0.000 172	0.110 4	0.17	3.1	0.87	0.014	0.012 6
29	0.013 6	0.345	0.000 145	0.093 5	0.14	2.6	0.73	0.013	0.011 3
30	0.012 4	0.314	0.000 121	0.077 4	0.12	2.2	0.62	0.012	0.010 0

B: Birmingham Wire and Stubs   A: American Brown and Sharp Wire

Diameter Limits: 27 and less, plus or minus 0.001 5 inch, 26 and over, plus or minus 0.002 inch.

Properties of Materials

Properties of Common Metals

Metal	Melting Point °C	Density kg/m³	E G N/m² or G Pa	G G N/m² or G Pa	Relative Specific Heat Capacity	Coefft. of Linear Expansion $\times 10^{-6}$/°C	Resistivity at 0°C $\mu\Omega$m	Resistance Temp. Coeff. at 0°C mΩ/°C	Electro-chemical Equivalent mg/°C
Aluminium	659	2 700	70	27	0.21	23	245	450	0.093
Copper	1 083	8 900	96	38	0.09	17	156	430	0.329
Gold	1 063	19 300	79	27	0.03	14	204	400	0.681
Iron	1 475	7 850	200	82	0.11	12	890	650	0.193
Lead	327	11 370	16	—	0.03	29	1 900	420	1.074
Mercury	—	13 580	—	—	0.03	60	9 410	100	1.039
Nickel	1 452	8 800	198	—	0.11	13	614	680	0.304
Platinum	1 775	21 040	164	51	0.03	9	981	390	0.506
Silver	961	10 530	78	29	0.06	19	151	410	1.118
Tungsten	3 400	19 300	410	—	0.03	4.5	490	480	0.318
Zinc	419	6 860	86	38	0.09	30	550	420	0.339

Properties of some Copper Alloys

Names and uses	Composition %			Condition	Mechanical Properties			
	Cu	Zn	Others		0.1% P.S. N/mm^2 or M Pa	T N/mm^2 or M Pa	Elong. %	Vickers Hardness
Muntz metal for die stamping and extrusions	60	40	—	Extruded	110	350	40	75
Free cutting brass for high speed machining	58	39	Lead 3%	Extruded	140	440	30	100
Cartridge brass for severe cold working	70	30	—	Annealed Work hardened	75 500	270 600	70 5	65 180
Standard brass for press work	65	35	—	Annealed Work hardened	90 500	320 690	65 4	65 185
Admiralty gun-metal for general purpose castings	88	2	Tin 10%	Sand casting	120	290	16	85
Phosphor bronze for castings and bushes for bearings	Rem.		Tin 10% Phosphorus 0.03–0.25%	Sand casting	120	280	15	90

T = tensile strength

Cu = copper   Zn = zinc

Properties of Cast High Alloy Steels

BS spec.	Type	Composition %								Mech. Properties		
		Cu	Si	Mn	Ni	Cr	Mo	C		T N/mm² or MPa	Yield Stress MPa	Elong. %
3 100 BW 10	Austenitic manganese steel	–	1.0	11.0	–	–	–	1.0				
		Possess great hardness and hence is used for earth moving equipment, pinions, sprockets etc. where wear resistance is important.										
3 100 410 C21	13% chromium steel	–	1.0	1.0	1.0	13.5	–	0.15		540	370	15
		Mildly corrosion resistant. Used in the paper industry.										
3 100 302 C25	Austenitic chromium-nickel steel	–	1.5	2.0	8.0	21.0	–	0.08		480	210	26
		Cast stainless steel. Corrosion resistant and very ductile.										
3 100 315 C16	Austenitic chromium-nickel-molybdenum steel	–	1.5	2.0	10.0	20.0	1.0	0.08		480	210	22
		Cast stainless steel with higher nickel content giving increased corrosion resistance. Molybdenum increases weldability.										
3 100 302 C35	Heat resisting alloy steel	–	2.0	2.0	10.0	22.0	1.5	0.4		560		3
3 100 334 C11		–	3.0	2.0	65.0	10.0	1.0	0.75		460		3
		Can withstand temperatures in excess of 650°C. Temperature at which scaling occurs is raised by increasing amount of chromium.										

Yield stress in N/mm² or MPa
Cu = copper Si = silicon Mn = manganese Ni = nickel Cr = chromium Mo = molybdenum C = carbon T = tensile strength

Properties of Medium and Low Alloy Steels

Type	Composition %								Mechanical Properties		Applications etc.
	C	Si	Mn	Cr	Ni	Mo	W	V	T N/mm² or MPa	Elong. %	
Low alloy structural steel	0.3	0.3	0.75	—	3	—	—	—	800	26	Crankshafts, high tensile shafts etc.
Nickel-chromium-molybdenum steel	0.35	0.3	0.7	0.8	2.8	0.7	—	—	1 000	16	Air hardening steel. Used at high temperatures.
High tensile steel	0.4	—	—	1.2	1.5	0.3	—	—	1 800	14	Used where high strength is needed.
Spring steel	0.5	1.6	1.3	—	—	—	—	—	1 500		
Steel for cutting tools	1.2	—	—	1.5	—	—	4	0.3			
Die steel	0.35	—	0.3	5.0	—	1.4	—	0.4			

W = tungsten   V = vanadium

Properties of Carbon Steels to BS 970

Type	Composition %			Mechanical Properties			Applications, etc.
	C	Si	Mn	T N/mm² or MPa	Elong. %	Hardness BHN	
070 M20 (En 2)	0.2	—	0.7	400	21	150	Easily machineable steels suitable for light stressing. Weldable.
070 M26 (En 3)	0.26	—	0.7	430	20	165	Stronger than En 2. Good machineability and is weldable.
080 M30 (En 4)	0.3	—	0.8	460	20	165	Increased carbon increases mechanical properties but slightly less machineable.
080 M36 (En 5)	0.36	—	0.8	490	18	180	Tough steel used for forgings, nuts and bolts, levers, spanners etc.
080 M40 (En 6)	0.4	—	0.8	510	16	180	Medium carbon steel which is readily machineable.
080 M46 (En 8)	0.46	—	0.8	540	14	205	Used for motor shafts, axles, brackets and couplings.
080 M50 (En 9)	0.5	—	0.8	570	14	205	Used where strength is more important than toughness, e.g. machine tool parts.
216 M28 (En 14)	0.28	0.25	1.3	540	10	180	Increased manganese content gives enhanced strength and toughness.
080 M15 (En 32)	0.15	0.25	0.8	460	16	—	Case hardening steel. Used where wear is important, e.g. gears, pawls, etc.

Properties of Stainless Steels

BS ref.	Type	Composition %			Mechanical Properties			
		C	Cr	Others	0.2% P.S. N/mm² or MPa	T N/mm² or MPa	Elong. %	Hardness Vickers
410 S21 (En 56A)	Martensitic stainless steel	0.12	13	—	420	590	20	170
431 S29 (En 57)		0.15	16	2.5% Ni	740	900	11	270
		Not suitable for welding or cold forming. Possesses moderate machineability. Used for applications where resistance to tempering at high temperature is important e.g. turbine blades.						
430 S15 (En 60)	Ferritic stainless steel	0.06	16	—	370	540	20	165
		More corrosion resistant than the martensitic steels. They are hardenable by heat treatment. Used for press work because of high ductility.						
302 S25 (En 58A)	Austenitic stainless steel	0.08	18	9.0% Ni	210	510	40	170
		Possesses good resistance to corrosion, good weldability, toughness at low temperature and excellent ductility. May be hardened by cold working.						

T = tensile strength

Properties of High Tensile Steels

BS ref.	Type	Composition %									Mechanical Properties		
		C	Si	Mn	Ni	Cr	Mo	Co	Ti	T N/mm² or MPa	0.2% P.S. N/mm² or MPa	Elong. %
817 M40 (En 24)	Direct hardening nickel steel	0.44	0.35	0.7	1.7	1.4	0.35	—	—	1540	1240	8
970(897 M39)	Direct hardening chrome-molybdenum steel	0.35	0.35	0.65	—	3.5	0.7	—	—	1540	1240	10
	Maraging steels	—	—	—	18	—	3.0	8.5	0.20	1480	1400	14

C = carbon Si = silicon Mn = manganese Ni = nickel Cr = chromium Mo = molybdenum Co = cobalt Ti = titanium

T = tensile strength

These steels are used where weight saving is important for instance in the aircraft industry. The deep hardening types are used for plastic moulding dies, shear blades, cold drawing mandrels and pressure vessels. These steels are all difficult to machine.

Aluminium Casting Alloys

Type	Composition %	Condition	0.2% P.S. N/mm² or MPa	T N/mm² or MPa	Elong. %	Hardness BHN	Machineability
As cast	Copper 0.1 Magnesium 3–6 Silicon 10–13 Iron 0.6 Manganese 0.5 Nickel 0.1 Tin 0.05 Lead 0.1 Aluminium balance	Sand cast Chill cast Die cast	60 70 120	160 190 280	5 7 2	50 55 55	Difficult Difficult —
Heat-treatable	Copper 0.7–2.5 Magnesium 0.3 Silicon 9.0–11.5 Iron 1.0 Manganese 0.5 Nickel 1.0 Zinc 1.2 Aluminium balance	Chill cast Die cast	100 150	180 320	1.5 1	85 85	Fair
Heat-treatable	Copper 4–5 Magnesium 0.1 Silicon 0.25 Iron 0.25 Manganese 0.1 Nickel 0.1 Zinc 0.1 Aluminium balance	Chill cast Fully heat treated	—	300	9	—	Good

T = tensile strength

Properties of Wrought Aluminium Alloys

Type	Composition %	Condition	0.1% P.S. N/mm² or M Pa	T N/mm² or M Pa	Elong. %	Machineability	Cold Forming
Non-Heat Treatable Alloys	Aluminium 99.99%	Annealed ½ Hard Full hard	— — —	90 max 100–120 130	30 8 5	Poor	Very good
Non-Heat Treatable Alloys	Copper 0.15 Silicon 0.6 Iron 0.7 Manganese 1.0 Zinc 0.1 Titanium 0.2 Aluminium 97.2	Annealed ¼ Hard ½ Hard ¾ Hard Full hard	— — — — —	115 max 115–145 140–170 160–190 180	30 12 7 5 3	Fair	Very good
Non-Heat Treatable Alloys	Copper 0.1 Magnesium 7.0 Silicon 0.6 Iron 0.7 Manganese 0.5 Zinc 0.1 Chromium 0.5 Titanium 0.2 Aluminium 90.3	Annealed	90	310–360	18	Good	Fair
Heat Treatable Alloys	Copper 3.5–4.8 Magnesium 0.6 Silicon 1.5 Iron 1.0 Manganese 1.2 Titanium 0.3 Aluminium balance	Solution treated Fully heat treated	— —	380 420	— —	Good Very good	Good Poor
Heat Treatable Alloys	Copper 0.1 Magnesium 0.4–1.5 Silicon 0.6–1.3 Iron 0.6 Manganese 0.6 Zinc 0.1 Chromium 0.5 Titanium 0.2 Aluminium balance	Solution treated Fully heat treated	110 230	185 280	18 10	Good Very good	Good Fair

T = tensile strength

Properties of some Thermoplastics

Name	Density g/cm³	Tensile Strength N/mm² or MPa	Percentage Elongation at break	E N/mm² or MPa	Brinell Hardness	Machineability
PVC (rigid)	1.33	48	200	3.4	20	Excellent
Polystyrene	1.30	48	3	3.4	25	Fair
PTFE	2.10	13	100	0.3	—	Excellent
Polypropylene	1.20	27	200—700	1.3	10	Excellent
Nylon	1.16	60	90	2.4	10	Excellent
Cellulose nitrate	1.35	48	40	1.4	10	Excellent
Cellulose acetate	1.30	40	10—60	1.4	12	Excellent
Polythene (high density)	1.45	20—30	20—100	0.7	2	Excellent

Properties of some Thermosetting Plastics

Name	Density g/cm³	Tensile Strength N/mm² or MPa	Percentage Elongation at Break	E N/mm² or MPa	Hardness	Machineability
Epoxy resin (glass filled)	1.6—2.0	68—200	4	20	38	Good
Melamine formaldehyde (fabric filled)	1.8—2.0	60—90	—	7	38	Fair
Urea formaldehyde (cellulose filled)	1.5	38—90	1	7—10	51	Fair
Phenol formaldehyde (mica filled)	1.6—1.9	38—50	0.5	17—35	36	Good
Acetals (glass filled)	1.6	58—75	2—7	7	27	Good

Recommendations for the Turning of Various Plastics

Material	Condition	Depth of cut (mm)	Feed (mm/rev)	Cutting Speed (m/min)		
				HSS	Brazed Carbide	Throw-away Carbide Tip
Thermoplastics (Polyethylene polypropylene, TFE-fluorcarbon)	Extruded, moulded or cast	4	0.25	50	145	160
High impact styrene and modified acrylic	Extruded moulded, or cast	4	0.25	53	160	175
Nylon, acetals and polycarbonate	Moulded	4	0.25	50	160	175
Polystyrene	Moulded or extruded	4	0.25	18	50	65
Soft grades of thermosetting plastic	Cast, moulded or filled	4	0.25	50	160	175
Hard grades of thermosetting plastic	Cast, moulded or filled	4	0.25	48	145	160

Recommendations for the Drilling of Various Plastics

Material	Condition	Cutting Speed (m/min)	Feed (mm/rev) Nominal Hole Diameter (mm)								
			1.5	3.0	6.0	12.0	20.0	25.0	30.0	50.0
Polyethylene, Polypropylene, TFE-fluorocarbon	Extruded, moulded or cast	33	0.12	0.25	0.30	0.38	0.46	0.50	0.64	0.76
High impact styrene and modified acrylic	Extruded, moulded or cast	33	0.05	0.10	0.12	0.15	0.15	0.20	0.20	0.25
Nylon, acetals and Polycarbonate	Moulded	33	0.05	0.12	0.15	0.20	0.25	0.30	0.38	0.38
Polystyrene	Moulded or extruded	66	0.03	0.05	0.08	0.10	0.13	0.15	0.18	0.20
Soft grades of thermo-setting plastic	Cast, moulded or filled	50	0.08	0.13	0.15	0.20	0.25	0.30	0.38	0.38
Hard grades of thermo-setting plastic	Cast, moulded or filled	33	0.05	0.13	0.15	0.20	0.25	0.30	0.38	0.38

Density

Substance	Density				Relative Density
	kg/m^3	g/cm^3	lb/ft^3	lb/in^3	
Aluminium	2 720	2.72	170	0.098 5	2.72
Brass	8 480	8.48	530	0.306	8.48
Cadmium	8 570	8.57	535	0.313	8.57
Chromium	7 030	7.03	440	0.260	7.03
Coal	1 440	1.44	90	0.052 1	1.44
Copper	8 790	8.79	550	0.324	8.79
Iron (cast)	7 200	7.20	450	0.261	7.20
Iron (wrought)	7 750	7.75	485	0.282	7.75
Lead	11 350	11.35	710	0.410	11.35
Nickel	8 730	8.73	545	0.316	8.73
Nylon	1 120	1.12	70	0.440 6	1.12
P.V.C.	1 360	1.36	85	0.049 2	1.36
Rubber	960	0.96	60	0.034 7	0.96
Steel	7 820	7.82	490	0.283	7.82
Tin	7 280	7.28	455	0.264	7.28
Zinc	7 120	7.12	445	0.258	7.12
Alcohol	800	0.80	50	0.029	0.80
Mercury	13 590	13.59	845	0.490	13.59
Paraffin	800	0.80	50	0.029	0.80
Petrol	720	0.72	45	0.026	0.72
Water (fresh)	1 000	1.00	62.5	0.036 2	1.00
Water (sea)	1 020	1.02	64	0.037	1.02
Acetylene	1.17	0.001 17	0.073		0.001 17
Air	1.30	0.001 3	0.081		0.001 3
Carbon dioxide	1.98	0.001 98	0.124		0.001 98
Carbon monoxide	1.26	0.001 26	0.079		0.001 26
Hydrogen	0.09	0.000 09	0.006		0.000 09
Nitrogen	1.25	0.001 25	0.078		0.001 25
Oxygen	1.43	0.001 43	0.089		0.001 43

These are typical figures for the densities of some common substances.
The values may be affected by factors such as temperature change, purity, etc.

Hardness Conversion Tables

Diamond Pyramid Hardness No.	Brinell Hardness No.	Rockwell C. Scale Hardness No.	Tensile Strength		Diamond Pyramid Hardness No.	Brinell Hardness No.	Rockwell C. Scale Hardness No.	Tensile Strength	
			Tons/sq in	Kilos/sq mm				Tons/sq in	Kilos/sq mm
832		65	150	236	382	362	39	81	129
817		64.5	147	231	372	353	38	80	126
800		64	145	228	363	344	37	78	123
787		63.5	142	223	354	336	36	76	120
772		63	140	220	345	327	35	74	117
759	Not a practical method of testing in this range.	62.5	139	218	336	319	34	72	113
746		62	137	215	327	311	33	70	110
733		61.5	135	212	318	301	32	68	107
720		61	133	209	310	294	31	67	105
697		60	129	203	302	286	30	65	103
674		59	126	198	294	279	29	64	101
653		58	123	193	286	273	28	62	98
633		57	120	189	279	267	27	61	96
613		56	117	184	272	261	26	59	93
595		55	114	179	266	258	25	58	91
577		54	112	176	260	253	24	57	90
560	510	53	109	171	254	248	23	55	88
544	500	52	107	168	248	243	22	54	85
528	487	51	104	163	243	239	21	53	84
513	475	50	102	160	238	235	20	52	82
498	464	49	100	157	228	226		50	79
484	450	48	98	154	217	216		47	74
471	442	47	96	151	207	206		45	71
458	432	46	94	148	196	195	Not a practical method of testing in this range.	43	68
446	421	45	92	145	187	187		41	65
434	410	44	90	142	176	176		39	61
423	401	43	88	139	165	165		37	58
412	390	42	86	135	145	145		33	52
402	381	41	85	134	131	131		30	47
392	371	40	83	132					

Cube Roots

To find the cube root of any number use the table in reverse. That is find the number in the table and work outwards.

Example

$\sqrt[3]{18.75}$ the nearest number to 18.75 is 18.61 ($18.61 = 2.65^3$)

$18.75 - 18.61 = 0.14$ mean difference will be the nearest number to 14. In the table this is 13, which comes under the 6. Hence $\sqrt[3]{18.75} = 2.656$

Similarly $\sqrt[3]{1.875} = 1.233$ and $\sqrt[3]{187.5} = 5.724$

Other cube roots can be found by using $10^3 = 1\,000$ and $\left(\frac{1}{10}\right)^3 = \frac{1}{1\,000}$

Example

$\sqrt[3]{18\,750} = \sqrt[3]{18.75 \times 1\,000} = \sqrt[3]{18.75} \times \sqrt[3]{1\,000} = 2.656 \times 10 = 26.56$

$\sqrt[3]{0.001\,875} = \sqrt[3]{1.875 \times \frac{1}{1\,000}} = \sqrt[3]{1.875} \times \sqrt[3]{\frac{1}{1\,000}} = 1.233 \times \frac{1}{10} = 0.123\,3$

Tables of Squares

x	0	1	2	3	4	5	6	7	8	9	1	2	3	4	5	6	7	8	9
1.0	1.000	1.020	1.040	1.061	1.082	1.103	1.124	1.145	1.166	1.188	2	4	6	8	10	13	15	17	19
1.1	1.210	1.232	1.254	1.277	1.300	1.323	1.346	1.369	1.392	1.416	2	5	7	9	11	14	16	18	21
1.2	1.440	1.464	1.488	1.513	1.538	1.563	1.588	1.613	1.638	1.664	2	5	7	10	12	15	17	20	22
1.3	1.690	1.716	1.742	1.769	1.796	1.823	1.850	1.877	1.904	1.932	3	5	8	11	13	16	19	22	24
1.4	1.960	1.988	2.016	2.045	2.074	2.103	2.132	2.161	2.190	2.220	3	6	9	12	14	17	20	23	26
1.5	2.250	2.280	2.310	2.341	2.372	2.403	2.434	2.465	2.496	2.528	3	6	9	12	15	19	22	25	28
1.6	2.560	2.592	2.624	2.657	2.690	2.723	2.756	2.789	2.822	2.856	3	7	10	13	16	20	23	26	30
1.7	2.890	2.924	2.958	2.993	3.028	3.063	3.098	3.133	3.168	3.204	3	7	10	14	17	21	24	28	31
1.8	3.240	3.276	3.312	3.349	3.386	3.423	3.460	3.497	3.534	3.572	4	7	11	15	18	22	26	30	33
1.9	3.610	3.648	3.686	3.725	3.764	3.803	3.842	3.881	3.920	3.960	4	8	12	16	19	23	27	31	35
2.0	4.000	4.040	4.080	4.121	4.162	4.203	4.244	4.285	4.326	4.368	4	8	12	16	20	25	29	33	37
2.1	4.410	4.452	4.494	4.537	4.580	4.623	4.666	4.709	4.752	4.796	4	9	13	17	21	26	30	34	39
2.2	4.840	4.884	4.928	4.973	5.018	5.063	5.108	5.153	5.198	5.244	4	9	13	18	22	27	31	36	40
2.3	5.290	5.336	5.382	5.429	5.476	5.523	5.570	5.617	5.664	5.712	5	9	14	19	23	28	33	38	42
2.4	5.760	5.808	5.856	5.905	5.954	6.003	6.052	6.101	6.150	6.200	5	10	15	20	24	29	34	39	44
2.5	6.250	6.300	6.350	6.401	6.452	6.503	6.554	6.605	6.656	6.708	5	10	15	20	25	31	36	41	46
2.6	6.760	6.812	6.864	6.917	6.970	7.023	7.076	7.129	7.182	7.236	5	11	16	21	26	32	37	42	48
2.7	7.290	7.344	7.398	7.453	7.508	7.563	7.618	7.673	7.728	7.784	5	11	16	22	27	33	38	44	49
2.8	7.840	7.896	7.952	8.009	8.066	8.123	8.180	8.237	8.294	8.352	6	11	17	23	28	34	40	46	51
2.9	8.410	8.468	8.526	8.585	8.644	8.703	8.762	8.821	8.880	8.940	6	12	18	24	29	35	41	47	53
3.0	9.000	9.060	9.120	9.181	9.242	9.303	9.364	9.425	9.486	9.548	6	12	18	24	30	37	43	49	55
3.1	9.610	9.672	9.734	9.797	9.860	9.923	9.986	10.05	10.11	10.18	6	13	19	25	31	38	44	50	57
3.2	10.24	10.30	10.37	10.43	10.50	10.56	10.63	10.69	10.76	10.82	1	1	2	3	3	4	5	5	6
3.3	10.89	10.96	11.02	11.09	11.16	11.22	11.29	11.36	11.42	11.49	1	1	2	3	3	4	5	5	6
3.4	11.56	11.63	11.70	11.76	11.83	11.90	11.97	12.04	12.11	12.18	1	1	2	3	4	4	5	6	6
3.5	12.25	12.32	12.39	12.46	12.53	12.60	12.67	12.74	12.82	12.89	1	1	2	3	4	4	5	6	6
3.6	12.96	13.03	13.10	13.18	13.25	13.32	13.40	13.47	13.54	13.62	1	1	2	3	4	4	5	6	7
3.7	13.69	13.76	13.84	13.91	13.99	14.06	14.14	14.21	14.29	14.36	1	2	2	3	4	4	5	6	7
3.8	14.44	14.52	14.59	14.67	14.75	14.82	14.98	15.05	15.13	1	2	2	3	4	5	5	6	7	
3.9	15.21	15.29	15.37	15.44	15.52	15.60	15.68	15.76	15.84	15.92	1	2	2	3	4	5	6	6	7
4.0	16.00	16.08	16.16	16.24	16.32	16.40	16.48	16.56	16.65	16.73	1	2	2	3	4	5	6	6	7
4.1	16.81	16.89	16.97	17.06	17.14	17.22	17.31	17.39	17.47	17.56	1	2	2	3	4	5	6	7	7
4.2	17.64	17.72	17.81	17.89	17.98	18.06	18.15	18.23	18.32	18.40	1	2	3	3	4	5	6	7	8
4.3	18.49	18.58	18.66	18.75	18.84	18.92	19.01	19.10	19.18	19.27	1	2	3	3	4	5	6	7	8
4.4	19.36	19.45	19.54	19.62	19.71	19.80	19.89	19.98	20.07	20.16	1	2	3	4	4	5	6	7	8
4.5	20.25	20.34	20.43	20.52	20.61	20.70	20.79	20.88	20.98	21.07	1	2	3	4	5	5	6	7	8
4.6	21.16	21.25	21.34	21.44	21.53	21.62	21.72	21.81	21.90	22.00	1	2	3	4	5	6	7	7	8
4.7	22.09	22.18	22.28	22.37	22.47	22.56	22.66	22.75	22.85	22.94	1	2	3	4	5	6	7	8	9
4.8	23.04	23.14	23.23	23.33	23.43	23.52	23.62	23.72	23.81	23.91	1	2	3	4	5	6	7	8	9
4.9	24.01	24.11	24.21	24.30	24.40	24.50	24.60	24.70	24.80	24.90	1	2	3	4	5	6	7	8	9
5.0	25.00	25.10	25.20	25.30	25.40	25.50	25.60	25.70	25.81	25.91	1	2	3	4	5	6	7	8	9
5.1	26.01	26.11	26.21	26.32	26.42	26.52	26.63	26.73	26.83	26.94	1	2	3	4	5	6	7	8	9
5.2	27.04	27.14	27.25	27.35	27.46	27.56	27.67	27.77	27.88	27.98	1	2	3	4	5	6	7	8	9
5.3	28.09	28.20	28.30	28.41	28.52	28.62	28.73	28.84	28.94	29.05	1	2	3	4	5	6	7	9	10
5.4	29.16	29.27	29.38	29.48	29.59	29.70	29.81	29.92	30.03	30.14	1	2	3	4	5	7	8	9	10

$(4.726)^2 = 22.28+6$, the 6 is added to the 8. $(4.726)^2 = 22.28+6 = 22.34$

For other numbers greater than 10 use $10^2 = 100$, $100^2 = 10\,000$ etc.

$(47.26)^2 = (4.726 \times 10)^2 = (4.726)^2 \times (10)^2 = 22.34 \times 100 = 2\,234$

$(4\,726)^2 = (4.726 \times 1\,000)^2 = (4.726)^2 \times (1\,000)^2 = 22.34 \times 1\,000\,000 =$
$= 22\,340\,000$

Table of Squares

x	0	1	2	3	4	5	6	7	8	9	1	2	3	4	5	6	7	8	9
5.5	30.25	30.36	30.47	30.58	30.69	30.80	30.91	31.02	31.14	31.25	1	2	3	4	6	7	8	9	10
5.6	31.36	31.47	31.58	31.70	31.81	31.92	32.04	32.15	32.26	32.38	1	2	3	5	6	7	8	9	10
5.7	32.49	32.60	32.72	32.83	32.95	33.06	33.18	33.29	33.41	33.52	1	2	3	5	6	7	8	9	11
5.8	33.64	33.76	33.87	33.99	34.11	34.22	34.34	34.46	34.57	34.69	1	2	4	5	6	7	8	9	11
5.9	34.81	34.93	35.05	35.16	35.28	35.40	35.52	35.64	35.76	35.88	1	2	4	5	6	7	8	10	11
6.0	36.00	36.12	36.24	36.36	36.48	36.60	36.72	36.84	36.97	37.09	1	2	4	5	6	7	9	10	11
6.1	37.21	37.33	37.45	37.58	37.70	37.82	37.95	38.07	38.19	38.32	1	2	4	5	6	7	9	10	11
6.2	38.44	38.56	38.69	38.81	38.94	39.06	39.19	39.31	39.44	39.56	1	3	4	5	6	8	9	10	11
6.3	39.69	39.82	39.94	40.07	40.20	40.32	40.45	40.58	40.70	40.83	1	3	4	5	6	8	9	10	11
6.4	40.96	41.09	41.22	41.34	41.47	41.60	41.73	41.86	41.99	42.12	1	3	4	5	6	8	9	10	12
6.5	42.25	42.38	42.51	42.64	42.77	42.90	43.03	43.16	43.30	43.43	1	3	4	5	7	8	9	10	12
6.6	43.56	43.69	43.82	43.96	44.09	44.22	44.36	44.49	44.62	44.76	1	3	4	5	7	8	9	11	12
6.7	44.89	45.02	45.16	45.29	45.43	45.56	45.70	45.83	45.97	46.10	1	3	4	5	7	8	9	11	12
6.8	46.24	46.38	46.51	46.65	46.79	46.92	47.06	47.20	47.33	47.47	1	3	4	6	7	8	10	11	12
6.9	47.61	47.75	47.89	48.02	48.16	48.30	48.44	48.58	48.72	48.86	1	3	4	6	7	8	10	11	13
7.0	49.00	49.14	49.28	49.42	49.56	49.70	49.84	49.98	50.13	50.27	1	3	4	6	7	8	10	11	13
7.1	50.41	50.55	50.69	50.84	50.98	51.12	51.27	51.41	51.55	51.70	1	3	4	6	7	9	10	11	13
7.2	51.84	51.98	52.13	52.27	52.42	52.56	52.71	52.85	53.00	53.14	1	3	4	6	7	9	10	12	13
7.3	53.29	53.44	53.58	53.73	53.88	54.02	54.17	54.32	54.46	54.61	1	3	4	6	7	9	10	12	13
7.4	54.76	54.91	55.06	55.20	55.35	55.50	55.65	55.80	55.95	56.10	1	3	4	6	7	9	10	12	13
7.5	56.25	56.40	56.55	56.70	56.85	57.00	57.15	57.30	57.46	57.61	2	3	5	6	8	9	11	12	14
7.6	57.76	57.91	58.06	58.22	58.37	58.52	58.68	58.83	58.98	59.14	2	3	5	6	8	9	11	12	14
7.7	59.29	59.44	59.60	59.75	59.91	60.06	60.22	60.37	60.53	60.68	2	3	5	6	8	9	11	12	14
7.8	60.84	61.00	61.15	61.31	61.47	61.62	61.78	61.94	62.09	62.25	2	3	5	6	8	9	11	13	14
7.9	62.41	62.57	62.73	62.88	63.04	63.20	63.36	63.52	63.68	63.84	2	3	5	6	8	10	11	13	14
8.0	64.00	64.16	64.32	64.48	64.64	64.80	64.96	65.12	65.29	65.45	2	3	5	6	8	10	11	13	14
8.1	65.61	65.77	65.93	66.10	66.26	66.42	67.59	66.75	66.91	67.08	2	3	5	7	8	10	11	13	15
8.2	67.24	67.40	67.57	67.73	67.90	68.06	68.23	68.39	68.56	68.72	2	3	5	7	8	10	12	13	15
8.3	68.89	69.06	69.22	69.39	69.56	69.72	69.89	70.06	70.22	70.39	2	3	5	7	8	10	12	13	15
8.4	70.56	70.73	70.90	71.06	71.23	71.40	71.57	71.74	71.91	72.08	2	3	5	7	8	10	12	14	15
8.5	72.25	72.42	72.59	72.76	72.93	73.10	73.27	73.44	73.62	73.79	2	3	5	7	9	10	12	14	15
8.6	73.96	74.13	74.30	74.48	74.65	74.82	75.00	75.17	75.34	75.52	2	3	5	7	9	10	12	14	16
8.7	75.69	75.86	76.04	76.21	76.39	76.56	76.74	76.91	77.09	77.26	2	4	5	7	9	11	12	14	16
8.8	77.44	77.62	77.79	77.97	78.15	78.32	78.50	78.68	78.85	79.03	2	4	5	7	9	11	12	14	16
8.9	79.21	79.39	79.57	79.74	79.92	80.10	80.28	80.46	80.64	80.82	2	4	5	7	9	11	13	14	16
9.0	81.00	81.18	81.36	81.54	81.72	81.90	82.08	82.26	82.45	82.63	2	4	5	7	9	11	13	14	16
9.1	82.81	82.99	83.17	83.36	83.54	83.72	83.91	84.09	84.27	84.46	2	4	5	7	9	11	13	15	16
9.2	84.64	84.82	85.01	85.19	85.38	85.56	85.75	85.93	86.12	86.30	2	4	6	7	9	11	13	15	17
9.3	86.49	86.68	86.86	87.05	87.24	87.42	87.61	87.80	87.98	88.17	2	4	6	7	9	11	13	15	17
9.4	88.36	88.55	88.74	88.92	89.11	89.30	89.49	89.68	89.87	90.06	2	4	6	8	9	11	13	15	17
9.5	90.25	90.44	90.63	90.82	91.01	91.20	91.39	91.58	91.78	91.97	2	4	6	8	10	11	13	15	17
9.6	92.16	92.35	92.54	92.74	92.93	93.12	93.32	93.51	93.70	93.90	2	4	6	8	10	12	14	15	17
9.7	94.09	94.28	94.48	94.67	94.87	95.06	95.26	95.45	95.65	95.84	2	4	6	8	10	12	14	16	18
9.8	96.04	96.24	96.43	96.63	96.83	97.02	97.22	97.42	97.61	97.81	2	4	6	8	10	12	14	16	18
9.9	98.01	98.21	98.41	98.60	98.80	99.00	99.20	99.40	99.60	99.80	2	4	6	8	10	12	14	16	18

$(7.372)^2 = 54.32+3$, the 3 is added to the 2. $(7.372)^2 = 54.32+3 = 54.35$

For other numbers less than 1 use $\frac{1}{10}^2 = \frac{1}{100}, \left(\frac{1}{100}\right)^2 = \frac{1}{10\,000}$ etc.

$(0.737\,2)^2 = \left(7.372 \times \frac{1}{10}\right)^2 = (7.372)^2 \times \left(\frac{1}{10}\right)^2 = 54.35 \times \frac{1}{100} = 0.543\,5$

$(0.007\,372)^2 = \left(7.372 \times \frac{1}{1\,000}\right)^2 = (7.372)^2 \times \left(\frac{1}{1\,000}\right)^2 = 54.35 \times \left(\frac{1}{1\,000\,000}\right)$
$= 0.000\,054\,35$

Table of Square Roots from 0.01–0.1, 1–10, 100–1 000 etc.

	0	1	2	3	4	5	6	7	8	9	1	2	3	4	5	6	7	8	9
1.0	1.000	1.005	1.010	1.015	1.020	1.025	1.030	1.034	1.039	1.044	0	1	1	2	2	3	3	4	4
1.1	1.049	1.054	1.058	1.063	1.068	1.072	1.077	1.082	1.086	1.091	0	1	1	2	2	3	3	4	4
1.2	1.095	1.100	1.105	1.109	1.114	1.118	1.122	1.127	1.131	1.136	0	1	1	2	2	3	3	4	4
1.3	1.140	1.145	1.149	1.153	1.158	1.162	1.166	1.170	1.175	1.179	0	1	1	2	2	3	3	3	4
1.4	1.183	1.187	1.192	1.196	1.200	1.204	1.208	1.212	1.217	1.221	0	1	1	2	2	3	3	3	4
1.5	1.225	1.229	1.233	1.237	1.241	1.245	1.249	1.253	1.257	1.261	0	1	1	2	2	2	3	3	4
1.6	1.265	1.269	1.273	1.277	1.281	1.285	1.288	1.292	1.296	1.300	0	1	1	2	2	2	3	3	3
1.7	1.304	1.308	1.311	1.315	1.319	1.323	1.327	1.330	1.334	1.338	0	1	1	1	2	2	3	3	3
1.8	1.342	1.345	1.349	1.353	1.356	1.360	1.364	1.367	1.371	1.375	0	1	1	1	2	2	3	3	3
1.9	1.378	1.382	1.386	1.389	1.393	1.396	1.400	1.404	1.407	1.411	0	1	1	1	2	2	3	3	3
2.0	1.414	1.418	1.421	1.425	1.428	1.432	1.435	1.439	1.442	1.446	0	1	1	1	2	2	2	3	3
2.1	1.449	1.453	1.456	1.459	1.463	1.466	1.470	1.473	1.476	1.480	0	1	1	1	2	2	2	3	3
2.2	1.483	1.487	1.490	1.493	1.497	1.500	1.503	1.507	1.510	1.513	0	1	1	1	2	2	2	3	3
2.3	1.517	1.520	1.523	1.526	1.530	1.533	1.536	1.539	1.543	1.546	0	1	1	1	2	2	2	2	3
2.4	1.549	1.552	1.556	1.559	1.562	1.565	1.568	1.572	1.575	1.578	0	1	1	1	2	2	2	2	3
2.5	1.581	1.584	1.587	1.591	1.594	1.597	1.600	1.603	1.606	1.609	0	1	1	1	2	2	2	2	3
2.6	1.612	1.616	1.619	1.622	1.625	1.628	1.631	1.634	1.637	1.640	0	1	1	1	2	2	2	2	3
2.7	1.643	1.646	1.649	1.652	1.655	1.658	1.661	1.664	1.667	1.670	0	1	1	1	2	2	2	2	3
2.8	1.673	1.676	1.679	1.682	1.685	1.688	1.691	1.694	1.697	1.700	0	1	1	1	2	2	2	2	3
2.9	1.703	1.706	1.709	1.712	1.715	1.718	1.720	1.723	1.726	1.729	0	1	1	1	1	2	2	2	3
3.0	1.732	1.735	1.738	1.741	1.744	1.746	1.749	1.752	1.755	1.758	0	1	1	1	1	2	2	2	3
3.1	1.761	1.764	1.766	1.769	1.772	1.775	1.778	1.780	1.783	1.786	0	1	1	1	1	2	2	2	3
3.2	1.789	1.792	1.794	1.797	1.800	1.803	1.806	1.808	1.811	1.814	0	1	1	1	1	2	2	2	2
3.3	1.817	1.819	1.822	1.825	1.828	1.830	1.833	1.836	1.838	1.841	0	1	1	1	1	2	2	2	2
3.4	1.844	1.847	1.849	1.852	1.855	1.857	1.860	1.863	1.865	1.868	0	1	1	1	1	2	2	2	2
3.5	1.871	1.873	1.876	1.879	1.881	1.884	1.887	1.889	1.892	1.895	0	1	1	1	1	2	2	2	2
3.6	1.897	1.900	1.903	1.905	1.908	1.910	1.913	1.916	1.918	1.921	0	1	1	1	1	2	2	2	2
3.7	1.924	1.926	1.929	1.931	1.934	1.936	1.939	1.942	1.944	1.947	0	1	1	1	1	2	2	2	2
3.8	1.949	1.952	1.954	1.957	1.960	1.962	1.965	1.967	1.970	1.972	0	1	1	1	1	2	2	2	2
3.9	1.975	1.977	1.980	1.982	1.985	1.987	1.990	1.992	1.995	1.997	0	0	1	1	1	1	2	2	2
4.0	2.000	2.002	2.005	2.007	2.010	2.012	2.015	2.017	2.020	2.022	0	0	1	1	1	1	2	2	2
4.1	2.025	2.027	2.030	2.032	2.035	2.037	2.040	2.042	2.045	2.047	0	0	1	1	1	1	2	2	2
4.2	2.049	2.052	2.054	2.057	2.059	2.062	2.064	2.066	2.069	2.071	0	0	1	1	1	1	2	2	2
4.3	2.074	2.076	2.078	2.081	2.083	2.086	2.088	2.090	2.093	2.095	0	0	1	1	1	1	1	2	2
4.4	2.098	2.100	2.102	2.105	2.107	2.110	2.112	2.114	2.117	2.119	0	0	1	1	1	1	1	2	2
4.5	2.121	2.124	2.126	2.128	2.131	2.133	2.135	2.138	2.140	2.142	0	0	1	1	1	1	1	2	2
4.6	2.145	2.147	2.149	2.152	2.154	2.156	2.159	2.161	2.163	2.166	0	0	1	1	1	1	1	2	2
4.7	2.168	2.170	2.173	2.175	2.177	2.179	2.182	2.184	2.186	2.189	0	0	1	1	1	1	1	2	2
4.8	2.191	2.193	2.195	2.198	2.200	2.202	2.205	2.207	2.209	2.211	0	0	1	1	1	1	1	2	2
4.9	2.214	2.216	2.218	2.220	2.223	2.225	2.227	2.229	2.232	2.234	0	0	1	1	1	1	1	2	2
5.0	2.236	2.238	2.241	2.243	2.245	2.247	2.249	2.252	2.254	2.256	0	0	1	1	1	1	1	2	2
5.1	2.258	2.261	2.263	2.265	2.267	2.269	2.272	2.274	2.276	2.278	0	0	1	1	1	1	1	2	2
5.2	2.280	2.283	2.285	2.287	2.289	2.291	2.293	2.296	2.298	2.300	0	0	1	1	1	1	1	2	2
5.3	2.302	2.304	2.307	2.309	2.311	2.313	2.315	2.317	2.319	2.322	0	0	1	1	1	1	1	2	2
5.4	2.324	2.326	2.328	2.330	2.332	2.335	2.337	2.339	2.341	2.343	0	0	1	1	1	1	1	2	2

$\sqrt{1.557} = 1.245+3$, the 3 is added to the 5. $\sqrt{1.557} = 1.248$

$\sqrt{7.723} = 2.778+1 = 2.779$

Table of Square Roots from 0.01−0.1, 1−10, 100−1 000 etc.

	0	1	2	3	4	5	6	7	8	9	1	2	3	4	5	6	7	8	9
5.5	2.345	2.347	2.349	2.352	2.354	2.356	2.358	2.360	2.362	2.364	0	0	1	1	1	1	1	2	2
5.6	2.366	2.369	2.371	2.373	2.375	2.377	2.379	2.381	2.383	2.385	0	0	1	1	1	1	1	2	2
5.7	2.387	2.390	2.392	2.394	2.396	2.398	2.400	2.402	2.404	2.406	0	0	1	1	1	1	1	2	2
5.8	2.408	2.410	2.412	2.415	2.417	2.419	2.421	2.423	2.425	2.427	0	0	1	1	1	1	1	2	2
5.9	2.429	2.431	2.433	2.435	2.437	2.439	2.441	2.443	2.445	2.447	0	0	1	1	1	1	1	2	2
6.0	2.449	2.452	2.454	2.456	2.458	2.460	2.462	2.464	2.466	2.468	0	0	1	1	1	1	1	2	2
6.1	2.470	2.472	2.474	2.476	2.478	2.480	2.482	2.484	2.486	2.488	0	0	1	1	1	1	1	2	2
6.2	2.490	2.492	2.494	2.496	2.498	2.500	2.502	2.504	2.506	2.508	0	0	1	1	1	1	1	2	2
6.3	2.510	2.512	2.514	2.516	2.518	2.520	2.522	2.524	2.526	2.528	0	0	1	1	1	1	1	2	2
6.4	2.530	2.532	2.534	2.536	2.538	2.540	2.542	2.544	2.546	2.548	0	0	1	1	1	1	1	2	2
6.5	2.550	2.551	2.553	2.555	2.557	2.559	2.561	2.563	2.565	2.567	0	0	1	1	1	1	1	2	2
6.6	2.569	2.571	2.573	2.575	2.577	2.579	2.581	2.583	2.585	2.587	0	0	1	1	1	1	1	2	2
6.7	2.588	2.590	2.592	2.594	2.596	2.598	2.600	2.602	2.604	2.606	0	0	1	1	1	1	1	2	2
6.8	2.608	2.610	2.612	2.613	2.615	2.617	2.619	2.621	2.623	2.625	0	0	1	1	1	1	1	2	2
6.9	2.627	2.629	2.631	2.632	2.634	2.636	2.638	2.640	2.642	2.644	0	0	1	1	1	1	1	2	2
7.0	2.646	2.648	2.650	2.651	2.653	2.655	2.657	2.659	2.661	2.663	0	0	1	1	1	1	1	2	2
7.1	2.665	2.666	2.668	2.670	2.672	2.674	2.676	2.678	2.680	2.681	0	0	1	1	1	1	1	2	2
7.2	2.683	2.685	2.687	2.689	2.691	2.693	2.694	2.696	2.698	2.700	0	0	1	1	1	1	1	2	2
7.3	2.702	2.704	2.706	2.707	2.709	2.711	2.713	2.715	2.717	2.718	0	0	1	1	1	1	1	2	2
7.4	2.720	2.722	2.724	2.726	2.728	2.729	2.731	2.733	2.735	2.737	0	0	1	1	1	1	1	2	2
7.5	2.739	2.740	2.742	2.744	2.746	2.748	2.750	2.751	2.753	2.755	0	0	1	1	1	1	1	2	2
7.6	2.757	2.759	2.760	2.762	2.764	2.766	2.768	2.769	2.771	2.773	0	0	1	1	1	1	1	2	2
7.7	2.775	2.777	2.778	2.780	2.782	2.784	2.786	2.787	2.789	2.791	0	0	1	1	1	1	1	2	2
7.8	2.793	2.795	2.796	2.798	2.800	2.802	2.804	2.805	2.807	2.809	0	0	1	1	1	1	1	2	2
7.9	2.811	2.812	2.814	2.816	2.818	2.820	2.821	2.823	2.825	2.827	0	0	1	1	1	1	1	2	2
8.0	2.828	2.830	2.832	2.834	2.835	2.837	2.839	2.841	2.843	2.844	0	0	1	1	1	1	1	2	2
8.1	2.846	2.848	2.850	2.851	2.853	2.855	2.857	2.858	2.860	2.862	0	0	1	1	1	1	1	2	2
8.2	2.864	2.865	2.867	2.869	2.871	2.872	2.874	2.876	2.877	2.879	0	0	1	1	1	1	1	2	2
8.3	2.881	2.883	2.884	2.886	2.888	2.890	2.891	2.893	2.895	2.897	0	0	1	1	1	1	1	2	2
8.4	2.898	2.900	2.902	2.903	2.905	2.907	2.909	2.910	2.912	2.914	0	0	1	1	1	1	1	2	2
8.5	2.915	2.917	2.919	2.921	2.922	2.924	2.926	2.927	2.929	2.931	0	0	1	1	1	1	1	2	2
8.6	2.933	2.934	2.936	2.938	2.939	2.941	2.943	2.944	2.946	2.948	0	0	1	1	1	1	1	2	2
8.7	2.950	2.951	2.953	2.955	2.956	2.958	2.960	2.961	2.963	2.965	0	0	1	1	1	1	1	2	2
8.8	2.966	2.968	2.970	2.972	2.973	2.975	2.977	2.978	2.980	2.982	0	0	1	1	1	1	1	2	2
8.9	2.983	2.985	2.987	2.988	2.990	2.992	2.993	2.995	2.997	2.998	0	0	1	1	1	1	1	2	2
9.0	3.000	3.002	3.003	3.005	3.007	3.008	3.010	3.012	3.013	3.015	0	0	0	1	1	1	1	1	1
9.1	3.017	3.018	3.020	3.022	3.023	3.025	3.027	3.028	3.030	3.032	0	0	0	1	1	1	1	1	1
9.2	3.033	3.035	3.036	3.038	3.040	3.041	3.043	3.045	3.046	3.048	0	0	0	1	1	1	1	1	1
9.3	3.050	3.051	3.053	3.055	3.056	3.058	3.059	3.061	3.063	3.064	0	0	0	1	1	1	1	1	1
9.4	3.066	3.068	3.069	3.071	3.072	3.074	3.076	3.077	3.079	3.081	0	0	0	1	1	1	1	1	1
9.5	3.082	3.084	3.085	3.087	3.089	3.090	3.092	3.094	3.095	3.097	0	0	0	1	1	1	1	1	1
9.6	3.098	3.100	3.102	3.103	3.105	3.106	3.108	3.110	3.111	3.113	0	0	0	1	1	1	1	1	1
9.7	3.114	3.116	3.118	3.119	3.121	3.122	3.124	3.126	3.127	3.129	0	0	0	1	1	1	1	1	1
9.8	3.130	3.132	3.134	3.135	3.137	3.138	3.140	3.142	3.143	3.145	0	0	0	1	1	1	1	1	1
9.9	3.146	3.148	3.150	3.151	3.153	3.154	3.156	3.158	3.159	3.161	0	0	0	1	1	1	1	1	1

For numbers between 100 and 1 000

$$\sqrt{698.3} = \sqrt{6.983 \times 100} = \sqrt{6.983} \times \sqrt{100} = 2.643 \times 10 = 26.43$$

For numbers between 10 000 and 100 000

$$\sqrt{47\,390} = \sqrt{4.739 \times 10\,000} = \sqrt{4.739} \times \sqrt{10\,000} = 2.177 \times 100 = 217.7$$

For numbers between 0.01 and 0.1

$$\sqrt{0.039\,47} = \sqrt{3.947 \times \frac{1}{100}} = \sqrt{3.947} \times \sqrt{\frac{1}{100}} = 1.987 \times \frac{1}{10} = 0.198\,7$$

For numbers between 0.000 1 and 0.001

$$\sqrt{0.000\,917\,6} = \sqrt{9.176 \times \frac{1}{10\,000}} = \sqrt{9.176} \times \sqrt{\frac{1}{10\,000}} = 3.029 \times \frac{1}{100} = 0.030\,29$$

Table of Square Roots from 0.1–1, 10–100, 1 000–10 000 etc.

x	0	1	2	3	4	5	6	7	8	9	1	2	3	4	5	6	7	8	9
10	3.162	3.178	3.194	3.209	3.225	3.240	3.256	3.271	3.286	3.302	2	3	5	6	8	10	11	13	14
11	3.317	3.332	3.347	3.362	3.376	3.391	3.406	3.421	3.435	3.450	1	3	4	6	7	9	10	12	13
12	3.464	3.479	3.493	3.507	3.521	3.536	3.550	3.564	3.578	3.592	1	3	4	6	7	8	10	11	13
13	3.606	3.619	3.633	3.647	3.661	3.674	3.688	3.701	3.715	3.728	1	3	4	5	7	8	10	11	12
14	3.742	3.755	3.768	3.782	3.795	3.808	3.821	3.834	3.847	3.860	1	3	4	5	7	8	9	10	12
15	3.873	3.886	3.899	3.912	3.924	3.937	3.950	3.962	3.975	3.987	1	3	4	5	6	8	9	10	11
16	4.000	4.012	4.025	4.037	4.050	4.062	4.074	4.087	4.099	4.111	1	2	4	5	6	7	9	10	11
17	4.123	4.135	4.147	4.159	4.171	4.183	4.195	4.207	4.219	4.231	1	2	4	5	6	7	8	10	11
18	4.243	4.254	4.266	4.278	4.290	4.301	4.313	4.324	4.336	4.347	1	2	3	5	6	7	8	9	10
19	4.359	4.370	4.382	4.393	4.405	4.416	4.427	4.438	4.450	4.461	1	2	3	5	6	7	8	9	10
20	4.472	4.483	4.494	4.506	4.517	4.528	4.539	4.550	4.561	4.572	1	2	3	4	6	7	8	9	10
21	4.583	4.593	4.604	4.615	4.626	4.637	4.648	4.658	4.669	4.680	1	2	3	4	5	6	8	9	10
22	4.690	4.701	4.712	4.722	4.733	4.743	4.754	4.764	4.775	4.785	1	2	3	4	5	6	7	8	10
23	4.796	4.806	4.817	4.827	4.837	4.848	4.858	4.868	4.879	4.889	1	2	3	4	5	6	7	8	9
24	4.899	4.909	4.919	4.930	4.940	4.950	4.960	4.970	4.980	4.990	1	2	3	4	5	6	7	8	9
25	5.000	5.010	5.020	5.030	5.040	5.050	5.060	5.070	5.079	5.089	1	2	3	4	5	6	7	8	9
26	5.099	5.109	5.119	5.128	5.138	5.148	5.158	5.167	5.177	5.187	1	2	3	4	5	6	7	8	9
27	5.196	5.206	5.2.5	5.225	5.235	5.244	5.254	5.263	5.273	5.282	1	2	3	4	5	6	7	8	9
28	5.292	5.301	5.310	5.320	5.329	5.339	5.348	5.357	5.367	5.376	1	2	3	4	5	6	7	7	8
29	5.385	5.394	5.404	5.413	5.422	5.431	5.441	5.450	5.459	5.468	1	2	3	4	5	5	6	7	8
30	5.477	5.486	5.495	5.505	5.514	5.523	5.532	5.541	5.550	5.559	1	2	3	4	5	5	6	7	8
31	5.568	5.577	5.586	5.595	5.604	5.612	5.621	5.630	5.639	5.648	1	2	3	4	4	5	6	7	8
32	5.657	5.666	5.675	5.683	5.692	5.701	5.710	5.718	5.727	5.736	1	2	3	4	4	5	6	7	8
33	5.745	5.753	5.762	5.771	5.779	5.788	5.797	5.805	5.814	5.822	1	2	3	3	4	5	6	7	8
34	5.831	5.840	5.848	5.857	5.865	5.874	5.882	5.891	5.899	5.908	1	2	3	3	4	5	6	7	8
35	5.916	5.925	5.933	5.941	5.950	5.958	5.967	5.975	5.983	5.992	1	2	2	3	4	5	6	7	8
36	6.000	6.008	6.017	6.025	6.033	6.042	6.050	6.058	6.066	6.075	1	2	2	3	4	5	6	7	7
37	6.083	6.091	6.099	6.107	6.116	6.124	6.132	6.140	6.148	6.156	1	2	2	3	4	5	6	6	7
38	6.164	6.173	6.181	6.189	6.197	6.205	6.213	6.221	6.229	6.237	1	2	2	3	4	5	6	6	7
39	6.245	6.253	6.261	6.269	6.277	6.285	6.293	6.301	6.309	6.317	1	2	2	3	4	5	6	6	7
40	6.325	6.332	6.340	6.348	6.356	6.364	6.372	6.380	6.387	6.395	1	2	2	3	4	5	6	6	7
41	6.403	6.411	6.419	6.427	6.434	6.442	6.450	6.458	6.465	6.473	1	2	2	3	4	5	5	6	7
42	6.481	6.488	6.496	6.504	6.512	6.519	6.527	6.535	6.542	6.550	1	2	2	3	4	5	5	6	7
43	6.557	6.565	6.573	6.580	6.588	6.595	6.603	6.611	6.618	6.626	1	2	2	3	4	5	5	6	7
44	6.633	6.641	6.648	6.656	6.663	6.671	6.678	6.686	6.693	6.701	1	2	2	3	4	4	5	6	7
45	6.708	6.716	6.723	6.731	6.738	6.745	6.753	6.760	6.768	6.775	1	1	2	3	4	4	5	6	7
46	6.782	6.790	6.797	6.804	6.812	6.819	6.826	6.834	6.841	6.848	1	1	2	3	4	4	5	6	7
47	6.856	6.863	6.870	6.877	6.885	6.892	6.899	6.907	6.914	6.921	1	1	2	3	4	4	5	6	6
48	6.928	6.935	6.943	6.950	6.957	6.964	6.971	6.979	6.986	6.993	1	1	2	3	4	4	5	6	6
49	7.000	7.007	7.014	7.021	7.029	7.036	7.043	7.050	7.057	7.064	1	1	2	3	4	4	5	6	6
50	7.071	7.078	7.085	7.092	7.099	7.106	7.113	7.120	7.127	7.134	1	1	2	3	4	4	5	6	6
51	7.141	7.148	7.155	7.162	7.169	7.176	7.183	7.190	7.197	7.204	1	1	2	3	4	4	5	6	6
52	7.211	7.218	7.225	7.232	7.239	7.246	7.253	7.259	7.266	7.273	1	1	2	3	3	4	5	6	6
53	7.280	7.287	7.294	7.301	7.308	7.314	7.321	7.328	7.335	7.342	1	1	2	3	3	4	5	5	6
54	7.348	7.355	7.362	7.369	7.376	7.382	7.389	7.396	7.403	7.409	1	1	2	3	3	4	5	5	6

$\sqrt{33.81}$ = 5.814+1, the 1 is added to the 4. $\quad \sqrt{33.81}$ = 5.814+1 = 5.815
$\sqrt{88.38}$ = 9.397+4 = 9.401

Table of Square Roots from 0.1−1, 10−100, 1 000−10 000 etc.

x	0	1	2	3	4	5	6	7	8	9	1	2	3	4	5	6	7	8	9
55	7.416	7.423	7.430	7.436	7.443	7.450	7.457	7.463	7.470	7.477	1	1	2	3	3	4	5	5	6
56	7.483	7.490	7.497	7.503	7.510	7.517	7.523	7.530	7.537	7.543	1	1	2	3	3	4	5	5	6
57	7.550	7.556	7.563	7.570	7.576	7.583	7.589	7.596	7.603	7.609	1	1	2	3	3	4	5	5	6
58	7.616	7.622	7.629	7.635	7.642	7.649	7.655	7.662	7.668	7.675	1	1	2	3	3	4	5	5	6
59	7.681	7.688	7.694	7.701	7.707	7.714	7.720	7.727	7.733	7.740	1	1	2	3	3	4	5	5	6
60	7.746	7.752	7.759	7.765	7.772	7.778	7.785	7.791	7.797	7.804	1	1	2	3	3	4	4	5	6
61	7.810	7.817	7.823	7.829	7.836	7.842	7.849	7.855	7.861	7.868	1	1	2	2	3	4	4	5	5
62	7.874	7.880	7.887	7.893	7.899	7.906	7.912	7.918	7.925	7.931	1	1	2	2	3	4	4	5	5
63	7.937	7.944	7.950	7.956	7.962	7.969	7.975	7.981	7.987	7.994	1	1	2	2	3	4	4	5	5
64	8.000	8.006	8.012	8.019	8.025	8.031	8.037	8.044	8.050	8.056	1	1	2	2	3	4	4	5	5
65	8.062	8.068	8.075	8.081	8.087	8.093	8.099	8.106	8.112	8.118	1	1	2	2	3	4	4	5	5
66	8.124	8.130	8.136	8.142	8.149	8.155	8.161	8.167	8.173	8.179	1	1	2	2	3	4	4	5	5
67	8.185	8.191	8.198	8.204	8.210	8.216	8.222	8.228	8.234	8.240	1	1	2	2	3	4	4	5	5
68	8.246	8.252	8.258	8.264	8.270	8.276	8.283	8.289	8.295	8.301	1	1	2	2	3	4	4	5	5
69	8.307	8.313	8.319	8.325	8.331	8.337	8.343	8.349	8.355	8.361	1	1	2	2	3	4	4	5	5
70	8.367	8.373	8.379	8.385	8.390	8.396	8.402	8.408	8.414	8.420	1	1	2	2	3	4	4	5	5
71	8.426	8.432	8.438	8.444	8.450	8.456	8.462	8.468	8.473	8.479	1	1	2	2	3	3	4	5	5
72	8.485	8.491	8.497	8.503	8.509	8.515	8.521	8.526	8.532	8.538	1	1	2	2	3	3	4	5	5
73	8.544	8.550	8.556	8.562	8.567	8.573	8.579	8.585	8.591	8.597	1	1	2	2	3	3	4	5	5
74	8.602	8.608	8.614	8.620	8.626	8.631	8.637	8.643	8.649	8.654	1	1	2	2	3	3	4	5	5
75	8.660	8.666	8.672	8.678	8.683	8.689	8.695	8.701	8.706	8.712	1	1	2	2	3	3	4	4	5
76	8.718	8.724	8.729	8.735	8.741	8.746	8.752	8.758	8.764	8.769	1	1	2	2	3	3	4	4	5
77	8.775	8.781	8.786	8.792	8.798	8.803	8.809	8.815	8.820	8.826	1	1	2	2	3	3	4	4	5
78	8.832	8.837	8.843	8.849	8.854	8.860	8.866	8.871	8.877	8.883	1	1	2	2	3	3	4	4	5
79	8.888	8.894	8.899	8.905	8.911	8.916	8.922	8.927	8.933	8.939	1	1	2	2	3	3	4	4	5
80	8.944	8.950	8.955	8.961	8.967	8.972	8.978	8.983	8.989	8.994	1	1	2	2	3	3	4	4	5
81	9.000	9.006	9.011	9.017	9.022	9.028	9.033	9.039	9.044	9.050	1	1	2	2	3	3	4	4	5
82	9.055	9.061	9.066	9.072	9.077	9.083	9.088	9.094	9.099	9.105	1	1	2	2	3	3	4	4	5
83	9.110	9.116	9.121	9.127	9.132	9.138	9.143	9.149	9.154	9.160	1	1	2	2	3	3	4	4	5
84	9.165	9.171	9.176	9.182	9.187	9.192	9.198	9.203	9.209	9.214	1	1	2	2	3	3	4	4	5
85	9.220	9.225	9.230	9.236	9.241	9.247	9.252	9.257	9.263	9.268	1	1	2	2	3	3	4	4	5
86	9.274	9.279	9.284	9.290	9.295	9.301	9.306	9.311	9.317	9.322	1	1	2	2	3	3	4	4	5
87	9.327	9.333	9.338	9.343	9.349	9.354	9.359	9.365	9.370	9.375	1	1	2	2	3	3	4	4	5
88	9.381	9.386	9.391	9.397	9.402	9.407	9.413	9.418	9.423	9.429	1	1	2	2	3	3	4	4	5
89	9.434	9.439	9.445	9.450	9.455	9.460	9.466	9.471	9.476	9.482	1	1	2	2	3	3	4	4	5
90	9.487	9.492	9.497	9.503	9.508	9.513	9.518	9.524	9.529	9.534	1	1	2	2	3	3	4	4	5
91	9.539	9.545	9.550	9.555	9.560	9.566	9.571	9.576	9.581	9.586	1	1	2	2	3	3	4	4	5
92	9.592	9.597	9.602	9.607	9.612	9.618	9.623	9.628	9.633	9.638	1	1	2	2	3	3	4	4	5
93	9.644	9.649	9.654	9.659	9.664	9.670	9.675	9.680	9.685	9.690	1	1	2	2	3	3	4	4	5
94	9.695	9.701	9.706	9.711	9.716	9.721	9.726	9.731	9.737	9.742	1	1	2	2	3	3	4	4	5
95	9.747	9.752	9.757	9.762	9.767	9.772	9.778	9.783	9.788	9.793	1	1	2	2	3	3	4	4	5
96	9.798	9.803	9.808	9.813	9.818	9.823	9.829	9.834	9.839	9.844	1	1	2	2	3	3	4	4	5
97	9.849	9.854	9.859	9.864	9.869	9.874	9.879	9.884	9.889	9.894	1	1	2	2	3	3	4	4	5
98	9.899	9.905	9.910	9.915	9.920	9.925	9.930	9.935	9.940	9.945	1	1	2	2	3	3	4	4	5
99	9.950	9.955	9.960	9.965	9.970	9.975	9.980	9.985	9.990	9.995	0	1	1	2	2	3	4	4	4

For numbers between 1 000 and 10 000

$$\sqrt{6\,918} = \sqrt{69.18 \times 100} = \sqrt{69.18} \times \sqrt{100} = 8.318 \times 10 = 83.18$$

For numbers between 100 000 and 1 000 000

$$\sqrt{321\,500} = \sqrt{32.15 \times 10\,000} = \sqrt{32.15} \times \sqrt{10\,000} = 5.670 \times 100 = 567.0$$

For numbers between 0.1 and 1

$$\sqrt{0.582\,7} = \sqrt{58.27 \times \frac{1}{100}} = \sqrt{58.27} \times \sqrt{\frac{1}{100}} = 7.634 \times \frac{1}{10} = 0.763\,4$$

For numbers between 0.001 and 0.01

$$\sqrt{0.007\,294} = \sqrt{72.94 \times \frac{1}{10\,000}} = \sqrt{72.94} \times \sqrt{\frac{1}{10\,000}} = 8.540 \times \frac{1}{100} = 0.085\,4$$

Table of Reciprocals of Numbers from 1–10

Numbers in difference columns to be subtracted

	0	1	2	3	4	5	6	7	8	9	1	2	3	4	5	6	7	8	9
1.0	1.0000	0.9901	0.9804	0.9709	0.9615	0.9524	0.9434	0.9346	0.9259	0.9174									
1.1	0.9091	0.9009	0.8929	0.8850	0.8772	0.8696	0.8621	0.8547	0.8475	0.8403									
1.2	0.8333	0.8264	0.8197	0.8130	0.8065	0.8000	0.7937	0.7874	0.7813	0.7752									
1.3	0.7692	0.7634	0.7576	0.7519	0.7463	0.7407	0.7353	0.7299	0.7246	0.7194									
1.4	0.7143	0.7092	0.7042	0.6993	0.6944	0.6897	0.6849	0.6803	0.6757	0.6711									
1.5	0.6667	0.6623	0.6579	0.6536	0.6494	0.6452	0.6410	0.6369	0.6329	0.6289	4	8	12	17	21	25	29	33	37
1.6	0.6250	0.6211	0.6173	0.6135	0.6098	0.6061	0.6024	0.5988	0.5952	0.5917	4	7	11	15	18	22	26	29	33
1.7	0.5882	0.5848	0.5814	0.5780	0.5747	0.5714	0.5682	0.5650	0.5618	0.5587	3	7	10	13	16	20	23	26	29
1.8	0.5556	0.5525	0.5495	0.5464	0.5435	0.5405	0.5376	0.5348	0.5319	0.5291	3	6	9	12	15	18	20	23	26
1.9	0.5263	0.5236	0.5208	0.5181	0.5155	0.5128	0.5102	0.5076	0.5051	0.5025	3	5	8	11	13	16	18	21	24
2.0	0.5000	0.4975	0.4950	0.4926	0.4902	0.4878	0.4854	0.4831	0.4808	0.4785	2	5	7	10	12	14	17	19	21
2.1	0.4762	0.4739	0.4717	0.4695	0.4673	0.4651	0.4630	0.4608	0.4587	0.4566	2	4	6	9	11	13	15	17	19
2.2	0.4545	0.4525	0.4505	0.4484	0.4464	0.4444	0.4425	0.4405	0.4386	0.4367	2	4	6	8	10	12	14	16	18
2.3	0.4348	0.4329	0.4310	0.4292	0.4274	0.4255	0.4237	0.4219	0.4202	0.4184	2	4	5	7	9	11	13	14	16
2.4	0.4167	0.4149	0.4132	0.4115	0.4098	0.4082	0.4065	0.4049	0.4032	0.4016	2	3	5	7	8	10	12	13	15
2.5	0.4000	0.3984	0.3968	0.3953	0.3937	0.3922	0.3906	0.3891	0.3876	0.3861	2	3	5	6	8	9	11	12	14
2.6	0.3846	0.3831	0.3817	0.3802	0.3788	0.3774	0.3759	0.3745	0.3731	0.3717	1	3	4	6	7	9	10	11	13
2.7	0.3704	0.3690	0.3676	0.3663	0.3650	0.3636	0.3623	0.3610	0.3597	0.3584	1	3	4	5	7	8	9	11	12
2.8	0.3571	0.3559	0.3546	0.3534	0.3521	0.3509	0.3497	0.3484	0.3472	0.3460	1	2	4	5	6	7	9	10	11
2.9	0.3448	0.3436	0.3425	0.3413	0.3401	0.3390	0.3378	0.3367	0.3356	0.3344	1	2	3	5	6	7	8	9	10
3.0	0.3333	0.3322	0.3311	0.3300	0.3289	0.3279	0.3268	0.3257	0.3247	0.3236	1	2	3	4	5	6	8	9	10
3.1	0.3226	0.3215	0.3205	0.3195	0.3185	0.3175	0.3165	0.3155	0.3145	0.3135	1	2	3	4	5	6	7	8	9
3.2	0.3125	0.3115	0.3106	0.3096	0.3086	0.3077	0.3067	0.3058	0.3049	0.3040	1	2	3	4	5	6	7	8	9
3.3	0.3030	0.3021	0.3012	0.3003	0.2994	0.2985	0.2976	0.2967	0.2959	0.2950	1	2	3	4	4	5	6	7	8
3.4	0.2941	0.2933	0.2924	0.2915	0.2907	0.2899	0.2890	0.2882	0.2874	0.2865	1	2	3	3	4	5	6	7	8
3.5	0.2857	0.2849	0.2841	0.2833	0.2825	0.2817	0.2809	0.2801	0.2793	0.2786	1	2	2	3	4	5	6	6	7
3.6	0.2778	0.2770	0.2762	0.2755	0.2747	0.2740	0.2732	0.2725	0.2717	0.2710	1	2	2	3	4	5	5	6	7
3.7	0.2703	0.2695	0.2688	0.2681	0.2674	0.2667	0.2660	0.2653	0.2646	0.2639	1	1	2	3	4	4	5	6	6
3.8	0.2632	0.2625	0.2618	0.2611	0.2604	0.2597	0.2591	0.2584	0.2577	0.2571	1	1	2	3	3	4	5	5	6
3.9	0.2564	0.2558	0.2551	0.2545	0.2538	0.2532	0.2525	0.2519	0.2513	0.2506	1	1	2	3	3	4	4	5	6
4.0	0.2500	0.2494	0.2488	0.2481	0.2475	0.2469	0.2463	0.2457	0.2451	0.2445	1	1	2	2	3	4	4	5	5
4.1	0.2439	0.2433	0.2427	0.2421	0.2415	0.2410	0.2404	0.2398	0.2392	0.2387	1	1	2	2	3	3	4	5	5
4.2	0.2381	0.2375	0.2370	0.2364	0.2358	0.2353	0.2347	0.2342	0.2336	0.2331	1	1	2	2	3	3	4	4	5
4.3	0.2326	0.2320	0.2315	0.2309	0.2304	0.2299	0.2294	0.2288	0.2283	0.2278	1	1	2	2	3	3	4	4	5
4.4	0.2273	0.2268	0.2262	0.2257	0.2252	0.2247	0.2242	0.2237	0.2232	0.2227	1	1	2	2	3	3	4	4	5
4.5	0.2222	0.2217	0.2212	0.2208	0.2203	0.2198	0.2193	0.2188	0.2183	0.2179	0	1	1	2	2	3	3	4	4
4.6	0.2174	0.2169	0.2165	0.2160	0.2155	0.2151	0.2146	0.2141	0.2137	0.2132	0	1	1	2	2	3	3	4	4
4.7	0.2128	0.2123	0.2119	0.2114	0.2110	0.2105	0.2101	0.2096	0.2092	0.2088	0	1	1	2	2	3	3	4	4
4.8	0.2083	0.2079	0.2075	0.2070	0.2066	0.2062	0.2058	0.2053	0.2049	0.2045	0	1	1	2	2	3	3	3	4
4.9	0.2041	0.2037	0.2033	0.2028	0.2024	0.2020	0.2016	0.2012	0.2008	0.2004	0	1	1	2	2	2	3	3	4
5.0	0.2000	0.1996	0.1992	0.1988	0.1984	0.1980	0.1976	0.1972	0.1969	0.1965	0	1	1	2	2	2	3	3	4
5.1	0.1961	0.1957	0.1953	0.1949	0.1946	0.1942	0.1938	0.1934	0.1931	0.1927	0	1	1	2	2	2	3	3	3
5.2	0.1923	0.1919	0.1916	0.1912	0.1908	0.1905	0.1901	0.1898	0.1894	0.1890	0	1	1	1	2	2	3	3	3
5.3	0.1887	0.1883	0.1880	0.1876	0.1873	0.1869	0.1866	0.1862	0.1859	0.1855	0	1	1	1	2	2	2	3	3
5.4	0.1852	0.1848	0.1845	0.1842	0.1838	0.1835	0.1832	0.1828	0.1825	0.1821	0	1	1	1	2	2	2	3	3

Reciprocal of a number = $\frac{1}{\text{number}}$.   Reciprocal of 8 = $\frac{1}{8}$ = 0.125

Reciprocal of 10 = $\frac{1}{10}$ = 0.1.   Reciprocal of 0.1 = $\frac{1}{0.1}$ = 10

$\frac{1}{3.874}$ = 0.258 4−3, the 3 is subtracted from the 4. $\frac{1}{3.874}$ = 0.258 1

Table of Reciprocals of Numbers from 1–10

Numbers in difference column to be subtracted

	0	1	2	3	4	5	6	7	8	9	1	2	3	4	5	6	7	8	9
5.5	0.1818	0.1815	0.1812	0.1808	0.1805	0.1802	0.1799	0.1795	0.1792	0.1789	0	1	1	1	2	2	2	3	3
5.6	0.1786	0.1783	0.1779	0.1776	0.1773	0.1770	0.1767	0.1764	0.1761	0.1757	0	1	1	1	2	2	2	3	3
5.7	0.1754	0.1751	0.1748	0.1745	0.1742	0.1739	0.1736	0.1733	0.1730	0.1727	0	1	1	1	2	2	2	2	3
5.8	0.1724	0.1721	0.1718	0.1715	0.1712	0.1709	0.1706	0.1704	0.1701	0.1698	0	1	1	1	1	2	2	2	3
5.9	0.1695	0.1692	0.1689	0.1686	0.1684	0.1681	0.1678	0.1675	0.1672	0.1669	0	1	1	1	1	2	2	2	3
6.0	0.1667	0.1664	0.1661	0.1658	0.1656	0.1653	0.1650	0.1647	0.1645	0.1642	0	1	1	1	1	2	2	2	2
6.1	0.1639	0.1637	0.1634	0.1631	0.1629	0.1626	0.1623	0.1621	0.1618	0.1616	0	1	1	1	1	2	2	2	2
6.2	0.1613	0.1610	0.1608	0.1605	0.1603	0.1600	0.1597	0.1595	0.1592	0.1590	0	1	1	1	1	2	2	2	2
6.3	0.1587	0.1585	0.1582	0.1580	0.1577	0.1575	0.1572	0.1570	0.1567	0.1565	0	0	1	1	1	1	2	2	2
6.4	0.1563	0.1560	0.1558	0.1555	0.1553	0.1550	0.1548	0.1546	0.1543	0.1541	0	0	1	1	1	1	2	2	2
6.5	0.1538	0.1536	0.1534	0.1531	0.1529	0.1527	0.1524	0.1522	0.1520	0.1517	0	0	1	1	1	1	2	2	2
6.6	0.1515	0.1513	0.1511	0.1508	0.1506	0.1504	0.1502	0.1499	0.1497	0.1495	0	0	1	1	1	1	2	2	2
6.7	0.1493	0.1490	0.1488	0.1486	0.1484	0.1481	0.1479	0.1477	0.1475	0.1473	0	0	1	1	1	1	2	2	2
6.8	0.1471	0.1468	0.1466	0.1464	0.1462	0.1460	0.1458	0.1456	0.1453	0.1451	0	0	1	1	1	1	1	2	2
6.9	0.1449	0.1447	0.1445	0.1443	0.1441	0.1439	0.1437	0.1435	0.1433	0.1431	0	0	1	1	1	1	1	2	2
7.0	0.1429	0.1427	0.1425	0.1422	0.1420	0.1418	0.1416	0.1414	0.1412	0.1410	0	0	1	1	1	1	1	2	2
7.1	0.1408	0.1406	0.1404	0.1403	0.1401	0.1399	0.1397	0.1395	0.1393	0.1391	0	0	1	1	1	1	1	2	2
7.2	0.1389	0.1387	0.1385	0.1383	0.1381	0.1379	0.1377	0.1376	0.1374	0.1372	0	0	1	1	1	1	1	2	2
7.3	0.1370	0.1368	0.1366	0.1364	0.1362	0.1361	0.1359	0.1357	0.1355	0.1353	0	0	1	1	1	1	1	1	2
7.4	0.1351	0.1350	0.1348	0.1346	0.1344	0.1342	0.1340	0.1339	0.1337	0.1335	0	0	1	1	1	1	1	1	2
7.5	0.1333	0.1332	0.1330	0.1328	0.1326	0.1325	0.1323	0.1321	0.1319	0.1318	0	0	1	1	1	1	1	1	2
7.6	0.1316	0.1314	0.1312	0.1311	0.1309	0.1307	0.1305	0.1304	0.1302	0.1300	0	0	1	1	1	1	1	1	2
7.7	0.1299	0.1297	0.1295	0.1294	0.1292	0.1290	0.1289	0.1287	0.1285	0.1284	0	0	0	1	1	1	1	1	1
7.8	0.1282	0.1280	0.1279	0.1277	0.1276	0.1274	0.1272	0.1271	0.1269	0.1267	0	0	0	1	1	1	1	1	1
7.9	0.1266	0.1264	0.1263	0.1261	0.1259	0.1258	0.1256	0.1255	0.1253	0.1252	0	0	0	1	1	1	1	1	1
8.0	0.1250	0.1248	0.1247	0.1245	0.1244	0.1242	0.1241	0.1239	0.1238	0.1236	0	0	0	1	1	1	1	1	1
8.1	0.1235	0.1233	0.1232	0.1230	0.1229	0.1227	0.1225	0.1224	0.1222	0.1221	0	0	0	1	1	1	1	1	1
8.2	0.1220	0.1218	0.1217	0.1215	0.1214	0.1212	0.1211	0.1209	0.1208	0.1206	0	0	0	1	1	1	1	1	1
8.3	0.1205	0.1203	0.1202	0.1200	0.1199	0.1198	0.1196	0.1195	0.1193	0.1192	0	0	0	1	1	1	1	1	1
8.4	0.1190	0.1189	0.1188	0.1186	0.1185	0.1183	0.1182	0.1181	0.1179	0.1178	0	0	0	1	1	1	1	1	1
8.5	0.1176	0.1175	0.1174	0.1172	0.1171	0.1170	0.1168	0.1167	0.1166	0.1164	0	0	0	1	1	1	1	1	1
8.6	0.1163	0.1161	0.1160	0.1159	0.1157	0.1156	0.1155	0.1153	0.1152	0.1151	0	0	0	1	1	1	1	1	1
8.7	0.1149	0.1148	0.1147	0.1145	0.1144	0.1143	0.1142	0.1140	0.1139	0.1138	0	0	0	1	1	1	1	1	1
8.8	0.1136	0.1135	0.1134	0.1133	0.1131	0.1130	0.1129	0.1127	0.1126	0.1125	0	0	0	1	1	1	1	1	1
8.9	0.1124	0.1122	0.1121	0.1120	0.1119	0.1117	0.1116	0.1115	0.1114	0.1112	0	0	0	0	1	1	1	1	1
9.0	0.1111	0.1110	0.1109	0.1107	0.1106	0.1105	0.1104	0.1103	0.1101	0.1100	0	0	0	0	1	1	1	1	1
9.1	0.1099	0.1098	0.1096	0.1095	0.1094	0.1093	0.1092	0.1091	0.1089	0.1088	0	0	0	0	1	1	1	1	1
9.2	0.1087	0.1086	0.1085	0.1083	0.1082	0.1081	0.1080	0.1079	0.1078	0.1076	0	0	0	0	1	1	1	1	1
9.3	0.1075	0.1074	0.1073	0.1072	0.1071	0.1070	0.1068	0.1067	0.1066	0.1065	0	0	0	0	1	1	1	1	1
9.4	0.1064	0.1063	0.1062	0.1060	0.1059	0.1058	0.1057	0.1056	0.1055	0.1054	0	0	0	0	1	1	1	1	1
9.5	0.1053	0.1052	0.1050	0.1049	0.1048	0.1047	0.1046	0.1045	0.1044	0.1043	0	0	0	0	1	1	1	1	1
9.6	0.1042	0.1041	0.1040	0.1038	0.1037	0.1036	0.1035	0.1034	0.1033	0.1032	0	0	0	0	1	1	1	1	1
9.7	0.1031	0.1030	0.1029	0.1028	0.1027	0.1026	0.1025	0.1024	0.1022	0.1021	0	0	0	0	1	1	1	1	1
9.8	0.1020	0.1019	0.1018	0.1017	0.1016	0.1015	0.1014	0.1013	0.1012	0.1011	0	0	0	0	1	1	1	1	1
9.9	0.1010	0.1009	0.1008	0.1007	0.1006	0.1005	0.1004	0.1003	0.1002	0.1001	0	0	0	0	1	1	1	1	1

Reciprocals of numbers greater than 10

$$\frac{1}{639.2} = \frac{1}{6.932} \times \frac{1}{100} = (0.1\,565-0) \times \frac{1}{100} = 0.1\,565 \times \frac{1}{100} = 0.001\,565$$

$$\frac{1}{17.38} = \frac{1}{1.738} \times \frac{1}{10} = (0.578\,0-26) \times \frac{1}{10} = 0.575\,4 \times \frac{1}{10} = 0.057\,54$$

Reciprocals of numbers less than 1.0.

$$\frac{1}{0.372\,4} = \frac{1}{3.724} \times \frac{10}{1} = (0.268\,8-3) \times 10 = 0.268\,5 \times 10 = 2.685$$

$$\frac{1}{0.039\,82} = \frac{1}{3.982} \times \frac{100}{1} = (0.251\,3-1) \times 100 = 0.251\,2 \times 100 = 25.12$$

Cubes

x	0	1	2	3	4	5	6	7	8	9	1	2	3	4	5	6	7	8	9
															Add				
1.0	1.000	1.030	1.061	1.093	1.125	1.158	1.191	1.225	1.260	1.295	3	7	10	13	16	20	23	26	30
1.1	1.331	1.368	1.405	1.443	1.482	1.521	1.561	1.602	1.643	1.685	4	8	12	16	20	24	28	32	36
1.2	1.728	1.772	1.816	1.861	1.907	1.953	2.000	2.048	2.097	2.147	5	9	14	19	23	28	33	37	42
1.3	2.197	2.248	2.300	2.353	2.406	2.460	2.515	2.571	2.628	2.686	5	11	16	22	27	33	38	44	49
1.4	2.744	2.803	2.863	2.924	2.986	3.049	3.112	3.177	3.242	3.308	6	13	19	25	31	38	44	50	57
1.5	3.375	3.443	3.512	3.582	3.652	3.724	3.796	3.870	3.944	4.020	7	14	22	29	36	43	50	58	65
1.6	4.096	4.173	4.252	4.331	4.411	4.492	4.574	4.657	4.742	4.827	8	16	24	33	41	49	57	65	73
1.7	4.913	5.000	5.088	5.178	5.268	5.359	5.452	5.545	5.640	5.735	9	18	27	37	46	55	64	73	83
1.8	5.832	5.930	6.029	6.128	6.230	6.332	6.435	6.539	6.645	6.751	10	20	31	41	51	61	72	82	92
1.9	6.859	6.968	7.078	7.189	7.301	7.415	7.530	7.645	7.762	7.881	11	23	34	45	57	68	80	91	103
2.0	8.000	8.121	8.242	8.365	8.490	8.615	8.742	8.870	8.999	9.129	13	25	38	50	63	76	88	101	113
2.1	9.261	9.394	9.528	9.664	9.800	9.938					14	27	41	54	69	81	95	108	122
2.1							10.08	10.22	10.36	10.50	1	3	4	6	7	9	10	11	13
2.2	10.65	10.79	10.94	11.09	11.24	11.39	11.54	11.70	11.85	12.01	2	3	5	6	8	9	11	12	14
2.3	12.17	12.33	12.49	12.65	12.81	12.98	13.14	13.31	13.48	13.65	2	3	5	7	8	10	12	13	15
2.4	13.82	14.00	14.17	14.35	14.53	14.71	14.89	15.07	15.25	15.44	2	4	5	7	9	11	13	14	16
2.5	15.63	15.81	16.00	16.19	16.39	16.58	16.78	16.97	17.17	17.37	2	4	6	8	10	12	14	16	18
2.6	17.58	17.78	17.98	18.19	18.40	18.61	18.82	19.03	19.25	19.47	2	4	6	8	11	13	15	17	19
2.7	19.68	19.90	20.12	20.35	20.57	20.80	21.02	21.25	21.48	21.72	2	5	7	9	11	14	16	18	20
2.8	21.95	22.19	22.43	22.67	22.91	23.15	23.39	23.64	23.89	24.14	2	5	7	10	12	15	17	19	22
2.9	24.39	24.64	24.90	25.15	25.41	25.67	25.93	26.20	26.46	26.73	3	5	8	10	13	16	18	21	23
3.0	27.00	27.27	27.54	27.82	28.09	28.37	28.65	28.93	29.22	29.50	3	6	8	11	14	17	20	22	25
3.1	29.79	30.08	30.37	30.66	30.96	31.26	31.55	31.86	32.16	32.46	3	6	9	12	15	18	21	24	27
3.2	32.77	33.08	33.39	33.70	34.01	34.33	34.65	34.97	35.29	35.61	3	6	9	13	16	19	22	25	29
3.3	35.94	36.26	36.59	36.93	37.26	37.60	37.93	38.27	38.61	38.96	3	7	10	13	17	20	24	27	30
3.4	39.30	39.65	40.00	40.35	40.71	41.06	41.42	41.78	42.14	42.51	4	7	11	14	18	21	25	29	32
3.5	42.88	43.24	43.61	43.99	44.36	44.74	45.12	45.50	45.88	46.27	4	8	11	15	19	23	26	30	34
3.6	46.66	47.05	47.44	47.83	48.23	48.63	49.03	49.43	49.84	50.24	4	8	12	16	20	24	28	32	36
3.7	50.65	51.06	51.48	51.90	52.31	52.73	53.16	53.58	54.01	54.44	4	8	13	17	21	25	30	34	38
3.8	54.87	55.31	55.74	56.18	56.62	57.07	57.51	57.96	58.41	58.86	4	9	13	18	22	27	31	36	40
3.9	59.32	59.78	60.24	60.70	61.16	61.63	62.10	62.57	63.04	63.52	5	9	14	19	23	28	33	37	42
4.0	64.00	64.48	64.96	65.45	65.94	66.43	66.92	67.42	67.92	68.42	5	10	15	20	25	29	34	39	44
4.1	68.92	69.43	69.93	70.44	70.96	71.47	71.99	72.51	73.03	73.56	5	10	15	21	26	31	36	41	46
4.2	74.09	74.62	75.15	75.69	76.23	76.77	77.31	77.85	78.40	78.95	5	11	16	22	27	32	38	43	49
4.3	79.51	80.06	80.62	81.18	81.75	82.31	82.88	83.45	84.03	84.60	6	11	17	23	28	34	40	45	51
4.4	85.18	85.77	86.35	86.94	87.53	88.12	88.72	89.31	89.92	90.52	6	12	18	24	30	36	42	48	53
4.5	91.13	91.73	92.35	92.96	93.58	94.20	94.82	95.44	96.07	96.70	6	12	19	25	31	37	43	50	56
4.6	97.34	97.97	98.61	99.25	99.90						6	13	19	26	32	38	45	51	58
4.6						100.5	101.2	101.8	102.5	103.2	1	1	2	3	3	4	5	5	6
4.7	103.8	104.5	105.2	105.8	106.5	107.2	107.9	108.5	109.2	109.9	1	1	2	3	3	4	5	5	6
4.8	110.6	111.3	112.0	112.7	113.4	114.1	114.8	115.5	116.2	116.9	1	1	2	3	4	4	5	6	6
4.9	117.6	118.4	119.1	119.8	120.6	121.3	122.0	122.8	123.5	124.3	1	1	2	3	4	4	5	6	7
5.0	125.0	125.8	126.5	127.3	128.0	128.8	129.6	130.3	131.1	131.9	1	2	2	3	4	5	5	6	7
5.1	132.7	133.4	134.2	135.0	135.8	136.6	137.4	138.2	139.0	139.8	1	2	2	3	4	5	6	6	7
5.2	140.6	141.4	142.2	143.1	143.9	144.7	145.5	146.4	147.2	148.0	1	2	2	3	4	5	6	7	7
5.3	148.9	149.7	150.6	151.4	152.3	153.1	154.0	154.9	155.7	156.6	1	2	3	3	4	5	6	7	8
5.4	157.5	158.3	159.2	160.1	161.0	161.9	162.8	163.7	164.6	165.5	1	2	3	4	4	5	6	7	8

$2.489^3 = 15.25 + 16$, the 16 is added to the 25 $2.489^3 = 15.41$

Similarly $24.89^3 = (2.489 \times 10)^3 = 2.489^3 \times 10^3 = 15.41 \times 1\,000 = 15\,410$

and $0.248\,9^3 = \left(2.489 \times \frac{1}{10}\right)^3 = 2.489^3 \times \left(\frac{1}{10}\right)^3 = 15.41 \times \frac{1}{1000} = 0.015\,41$

Example

$5.625^3 = 177.5 + 5 = 178.0$

$562.5^3 = (5.625 \times 100)^3 = 5.625^3 \times 100^3 = 178.0 \times 1\,000\,000 = 178\,000\,000$

$0.562\,5^3 = \left(5.625 \times \frac{1}{10}\right)^3 = 5.625^3 \times \left(\frac{1}{10}\right)^3 = 178.0 \times \frac{1}{1000} = 0.178$

Cubes

x	0	1	2	3	4	5	6	7	8	9	1	2	3	4	5	6	7	8	9
																	Add		
5.5	166.4	167.3	168.2	169.1	170.0	171.0	171.9	172.8	173.7	174.7	1	2	3	4	5	6	6	7	8
5.6	175.6	176.6	177.5	178.5	179.4	180.4	181.3	182.3	183.3	184.2	1	2	3	4	5	6	7	8	9
5.7	185.2	186.2	187.1	188.1	189.1	190.1	191.1	192.1	193.1	194.1	1	2	3	4	5	6	7	8	9
5.8	195.1	196.1	197.1	198.2	199.2	200.2	201.2	202.3	203.3	204.3	1	2	3	4	5	6	7	8	9
5.9	205.4	206.4	207.5	208.5	209.6	210.6	211.7	212.8	213.8	214.9	1	2	3	4	5	6	7	8	10
6.0	216.0	217.1	218.2	219.3	220.3	221.4	222.5	223.6	224.8	225.9	1	2	3	4	5	7	8	9	10
6.1	227.0	228.1	229.2	230.3	231.5	232.6	233.7	234.9	236.0	237.2	1	2	3	5	6	7	8	9	10
6.2	238.3	239.5	240.6	241.8	243.0	244.1	245.3	246.5	247.7	248.9	1	2	4	5	6	7	8	9	11
6.3	250.0	251.2	252.4	253.6	254.8	256.0	257.3	258.5	259.7	260.9	1	2	4	5	6	7	8	10	11
6.4	262.1	263.4	264.6	265.8	267.1	268.3	269.6	270.8	272.1	273.4	1	2	4	5	6	7	9	10	11
6.5	274.6	275.9	277.2	278.4	279.7	281.0	282.3	283.6	284.9	286.2	1	3	4	5	6	8	9	10	12
6.6	287.5	288.8	290.1	291.4	292.8	294.1	295.4	296.7	298.1	299.4	1	3	4	5	7	8	9	11	12
6.7	300.8	302.1	303.5	304.8	306.2	307.5	308.9	310.3	311.7	313.0	1	3	4	5	7	8	10	11	12
6.8	314.4	315.8	317.2	313.6	320.0	321.4	322.8	324.2	325.7	327.1	1	3	4	6	7	8	10	11	13
6.9	328.5	329.9	331.4	332.8	334.3	335.7	337.2	338.6	340.1	341.5	1	3	4	6	7	9	10	12	13
7.0	343.0	344.5	345.9	347.4	348.9	350.4	351.9	353.4	354.9	356.4	1	3	4	6	7	9	10	12	13
7.1	357.9	359.4	360.9	362.5	364.0	365.5	367.1	368.6	370.1	371.7	2	3	5	6	8	9	11	12	14
7.2	373.2	374.8	376.4	377.9	379.5	381.1	382.7	384.2	385.8	387.4	2	3	5	6	8	9	11	13	14
7.3	389.0	390.6	392.2	393.8	395.4	397.1	398.7	400.3	401.9	403.6	2	3	5	6	8	10	11	13	15
7.4	405.2	406.9	408.5	410.2	411.8	413.5	415.2	416.8	418.5	420.2	2	3	5	7	8	10	12	13	15
7.5	421.9	423.6	425.3	427.0	428.7	430.4	432.1	433.8	435.5	437.2	2	3	5	7	9	10	12	14	15
7.6	439.0	440.7	442.5	444.2	445.9	447.7	449.5	451.2	453.0	454.8	2	4	5	7	9	11	12	14	16
7.7	456.5	458.3	460.1	461.9	463.7	465.5	467.3	469.1	470.9	472.7	2	4	5	7	9	11	13	14	16
7.8	474.6	476.4	478.2	480.0	481.9	483.7	485.6	487.4	489.3	491.2	2	4	6	7	9	11	13	15	17
7.9	493.0	494.9	496.8	498.7	500.6	502.5	504.4	506.3	508.2	510.1	2	4	6	8	9	11	13	15	17
8.0	512.0	513.9	515.8	517.8	519.7	521.7	523.6	525.6	527.5	529.5	2	4	6	8	10	12	14	16	17
8.1	531.4	533.4	535.4	537.4	539.4	541.3	543.3	545.3	547.3	549.4	2	4	6	8	10	12	14	16	18
8.2	551.4	553.4	555.4	557.4	559.5	561.5	563.6	565.6	567.7	569.7	2	4	6	8	10	12	14	16	18
8.3	571.8	573.9	575.9	578.0	580.1	582.2	584.3	586.4	588.5	590.6	2	4	6	8	10	13	15	17	19
8.4	592.7	594.8	596.9	599.1	601.2	603.4	605.5	607.6	609.8	612.0	2	4	6	9	11	13	15	17	19
8.5	614.1	616.3	618.5	620.7	622.8	625.0	627.2	629.4	631.6	633.8	2	4	7	9	11	13	15	18	20
8.6	636.1	638.3	640.5	642.7	645.0	647.2	649.5	651.7	654.0	656.2	2	4	7	9	11	13	16	18	20
8.7	658.5	660.8	663.1	665.3	667.6	669.9	672.2	674.5	676.8	679.2	2	5	7	9	11	14	16	18	21
8.8	681.5	683.8	686.1	688.5	690.8	693.2	695.5	697.9	700.2	702.6	2	5	7	9	12	14	16	19	21
8.9	705.0	707.3	709.7	712.1	714.5	716.9	719.3	721.7	724.2	726.6	2	5	7	10	12	14	17	19	22
9.0	729.0	731.4	733.9	736.3	738.8	741.2	743.7	746.1	748.6	751.1	2	5	7	10	12	15	17	20	22
9.1	753.6	756.1	758.6	761.0	763.6	766.1	768.6	771.1	773.6	776.2	3	5	8	10	13	15	18	20	23
9.2	778.7	781.2	783.8	786.3	788.9	791.5	794.0	796.6	799.2	801.8	3	5	8	10	13	15	18	21	23
9.3	804.4	807.0	809.6	812.2	814.8	817.4	820.0	822.7	825.3	827.9	3	5	8	10	13	16	18	21	24
9.4	830.6	833.2	835.9	838.6	841.2	843.9	846.6	849.3	852.0	854.7	3	5	8	11	13	16	19	21	24
9.5	857.4	860.1	862.8	865.5	868.3	871.0	873.7	876.5	879.2	882.0	3	5	8	11	14	16	19	22	25
9.6	884.7	887.5	890.3	893.1	895.8	898.6	901.4	904.2	907.0	909.9	3	6	8	11	14	17	20	22	25
9.7	912.7	915.5	918.3	921.2	924.0	926.9	929.7	932.6	935.4	938.3	3	6	9	11	14	17	20	23	26
9.8	941.2	944.1	947.0	949.9	952.8	955.7	958.6	961.5	964.4	967.4	3	6	9	12	15	17	20	23	26
9.9	970.3	973.2	976.2	979.1	982.1	985.1	988.0	991.0	994.0	997.0	3	6	9	12	15	18	21	24	27

(For other Cubes *and* Cube roots see page 123)

Natural Sines

Add

°	0' 0.0°	6' 0.1°	12' 0.2°	18' 0.3°	24' 0.4°	30' 0.5°	36' 0.6°	42' 0.7°	48' 0.8°	54' 0.9°	1'	2'	3'	4'	5'
0	0.0000	0.0017	0.0035	0.0052	0.0070	0.0087	0.0105	0.0122	0.0140	0.0157	3	6	9	12	15
1	0.0175	0.0192	0.0209	0.0227	0.0244	0.0262	0.0279	0.0297	0.0314	0.0332	3	6	9	12	15
2	0.0349	0.0366	0.0384	0.0401	0.0419	0.0436	0.0454	0.0471	0.0488	0.0506	3	6	9	12	15
3	0.0523	0.0541	0.0558	0.0576	0.0593	0.0610	0.0628	0.0645	0.0663	0.0680	3	6	9	12	15
4	0.0698	0.0715	0.0732	0.0750	0.0767	0.0785	0.0802	0.0819	0.0837	0.0854	3	6	9	12	14
5	0.0872	0.0889	0.0906	0.0924	0.0941	0.0958	0.0976	0.0993	0.1011	0.1028	3	6	9	12	14
6	0.1045	0.1063	0.1080	0.1097	0.1115	0.1132	0.1149	0.1167	0.1184	0.1201	3	6	9	12	14
7	0.1219	0.1236	0.1253	0.1271	0.1288	0.1305	0.1323	0.1340	0.1357	0.1374	3	6	9	12	14
8	0.1392	0.1409	0.1426	0.1444	0.1461	0.1478	0.1495	0.1513	0.1530	0.1547	3	6	9	11	14
9	0.1564	0.1582	0.1599	0.1616	0.1633	0.1650	0.1668	0.1685	0.1702	0.1719	3	6	9	11	14
10	0.1736	0.1754	0.1771	0.1788	0.1805	0.1822	0.1840	0.1857	0.1874	0.1891	3	6	9	11	14
11	0.1908	0.1925	0.1942	0.1959	0.1977	0.1994	0.2011	0.2028	0.2045	0.2062	3	6	9	11	14
12	0.2079	0.2096	0.2113	0.2130	0.2147	0.2164	0.2181	0.2198	0.2215	0.2232	3	6	9	11	14
13	0.2250	0.2267	0.2284	0.2300	0.2317	0.2334	0.2351	0.2368	0.2385	0.2402	3	6	8	11	14
14	0.2419	0.2436	0.2453	0.2470	0.2487	0.2504	0.2521	0.2538	0.2554	0.2571	3	6	8	11	14
15	0.2588	0.2605	0.2622	0.2639	0.2656	0.2672	0.2689	0.2706	0.2723	0.2740	3	6	8	11	14
16	0.2756	0.2773	0.2790	0.2807	0.2823	0.2840	0.2857	0.2874	0.2890	0.2907	3	6	8	11	14
17	0.2924	0.2940	0.2957	0.2974	0.2990	0.3007	0.3024	0.3040	0.3057	0.3074	3	6	8	11	14
18	0.3090	0.3107	0.3123	0.3140	0.3156	0.3173	0.3190	0.3206	0.3223	0.3239	3	6	8	11	14
19	0.3256	0.3272	0.3289	0.3305	0.3322	0.3338	0.3355	0.3371	0.3387	0.3404	3	5	8	11	14
20	0.3420	0.3437	0.3453	0.3469	0.3486	0.3502	0.3518	0.3535	0.3551	0.3567	3	5	8	11	14
21	0.3584	0.3600	0.3616	0.3633	0.3649	0.3665	0.3681	0.3697	0.3714	0.3730	3	5	8	11	14
22	0.3746	0.3762	0.3778	0.3795	0.3811	0.3827	0.3843	0.3859	0.3875	0.3891	3	5	8	11	13
23	0.3907	0.3923	0.3939	0.3955	0.3971	0.3987	0.4003	0.4019	0.4035	0.4051	3	5	8	11	13
24	0.4067	0.4083	0.4099	0.4115	0.4131	0.4147	0.4163	0.4179	0.4195	0.4210	3	5	8	11	13
25	0.4226	0.4242	0.4258	0.4274	0.4289	0.4305	0.4321	0.4337	0.4352	0.4368	3	5	8	11	13
26	0.4384	0.4399	0.4415	0.4431	0.4446	0.4462	0.4478	0.4493	0.4509	0.4524	3	5	8	10	13
27	0.4540	0.4555	0.4571	0.4586	0.4602	0.4617	0.4633	0.4648	0.4664	0.4679	3	5	8	10	13
28	0.4695	0.4710	0.4726	0.4741	0.4756	0.4772	0.4787	0.4802	0.4818	0.4833	3	5	8	10	13
29	0.4848	0.4863	0.4879	0.4894	0.4909	0.4924	0.4939	0.4955	0.4970	0.4985	3	5	8	10	13
30	0.5000	0.5015	0.5030	0.5045	0.5060	0.5075	0.5090	0.5105	0.5120	0.5135	3	5	8	10	13
31	0.5150	0.5165	0.5180	0.5195	0.5210	0.5225	0.5240	0.5255	0.5270	0.5284	2	5	7	10	12
32	0.5299	0.5314	0.5329	0.5344	0.5358	0.5373	0.5388	0.5402	0.5417	0.5432	2	5	7	10	12
33	0.5446	0.5461	0.5476	0.5490	0.5505	0.5519	0.5534	0.5548	0.5563	0.5577	2	5	7	10	12
34	0.5592	0.5606	0.5621	0.5635	0.5650	0.5664	0.5678	0.5693	0.5707	0.5721	2	5	7	10	12
35	0.5736	0.5750	0.5764	0.5779	0.5793	0.5807	0.5821	0.5835	0.5850	0.5864	2	5	7	9	12
36	0.5878	0.5892	0.5906	0.5920	0.5934	0.5948	0.5962	0.5976	0.5990	0.6004	2	5	7	9	12
37	0.6018	0.6032	0.6046	0.6060	0.6074	0.6088	0.6101	0.6115	0.6129	0.6143	2	5	7	9	12
38	0.6157	0.6170	0.6184	0.6198	0.6211	0.6225	0.6239	0.6252	0.6266	0.6280	2	5	7	9	11
39	0.6293	0.6307	0.6320	0.6334	0.6347	0.6361	0.6374	0.6388	0.6401	0.6414	2	4	7	9	11
40	0.6428	0.6441	0.6455	0.6468	0.6481	0.6494	0.6508	0.6521	0.6534	0.6547	2	4	7	9	11
41	0.6561	0.6574	0.6587	0.6600	0.6613	0.6626	0.6639	0.6652	0.6665	0.6678	2	4	7	9	11
42	0.6691	0.6704	0.6717	0.6730	0.6743	0.6756	0.6769	0.6782	0.6794	0.6807	2	4	6	9	11
43	0.6820	0.6833	0.6845	0.6858	0.6871	0.6884	0.6896	0.6909	0.6921	0.6934	2	4	6	8	11
44	0.6947	0.6959	0.6972	0.6984	0.6997	0.7009	0.7022	0.7034	0.7046	0.7059	2	4	6	8	10

$\sin 6°26' = \sin(6°24'+2') = 0.111\,5+6$, the 6 is added to the 5
$\sin 6°26' = 0.111\,5+6 = 0.112\,1$
$\sin 79°52' = \sin(79°48'+4') = 0.984\,2+2 = 0.984\,4$

Natural Sines

Add

°	0' 0.0°	6' 0.1°	12' 0.2°	18' 0.3°	24' 0.4°	30' 0.5°	36' 0.6°	42' 0.7°	48' 0.8°	54' 0.9°	1'	2'	3'	4'	5'
45	0.7071	0.7083	0.7096	0.7108	0.7120	0.7133	0.7145	0.7157	0.7169	0.7181	2	4	6	8	10
46	0.7193	0.7206	0.7218	0.7230	0.7242	0.7254	0.7266	0.7278	0.7290	0.7302	2	4	6	8	10
47	0.7314	0.7325	0.7337	0.7349	0.7361	0.7373	0.7385	0.7396	0.7408	0.7420	2	4	6	8	10
48	0.7431	0.7443	0.7455	0.7466	0.7478	0.7490	0.7501	0.7513	0.7524	0.7536	2	4	6	8	10
49	0.7547	0.7558	0.7570	0.7581	0.7593	0.7604	0.7615	0.7627	0.7638	0.7649	2	4	6	8	9
50	0.7660	0.7672	0.7683	0.7694	0.7705	0.7716	0.7727	0.7738	0.7749	0.7760	2	4	6	7	9
51	0.7771	0.7782	0.7793	0.7804	0.7815	0.7826	0.7837	0.7848	0.7859	0.7869	2	4	5	7	9
52	0.7880	0.7891	0.7902	0.7912	0.7923	0.7934	0.7944	0.7955	0.7965	0.7976	2	4	5	7	9
53	0.7986	0.7997	0.8007	0.8018	0.8028	0.8039	0.8049	0.8059	0.8070	0.8080	2	3	5	7	9
54	0.8090	0.8100	0.8111	0.8121	0.8131	0.8141	0.8151	0.8161	0.8171	0.8181	2	3	5	7	8
55	0.8192	0.8202	0.8211	0.8221	0.8231	0.8241	0.8251	0.8261	0.8271	0.8281	2	3	5	7	8
56	0.8290	0.8300	0.8310	0.8320	0.8329	0.8339	0.8348	0.8358	0.8368	0.8377	2	3	5	6	8
57	0.8387	0.8396	0.8406	0.8415	0.8425	0.8434	0.8443	0.8453	0.8462	0.8471	2	3	5	6	8
58	0.8480	0.8490	0.8499	0.8508	0.8517	0.8526	0.8536	0.8545	0.8554	0.8563	2	3	5	6	8
59	0.8572	0.8581	0.8590	0.8599	0.8607	0.8616	0.8625	0.8634	0.8643	0.8652	1	3	4	6	7
60	0.8660	0.8669	0.8678	0.8686	0.8695	0.8704	0.8712	0.8721	0.8729	0.8738	1	3	4	6	7
61	0.8746	0.8755	0.8763	0.8771	0.8780	0.8788	0.8796	0.8805	0.8813	0.8821	1	3	4	6	7
62	0.8829	0.8838	0.8846	0.8854	0.8862	0.8870	0.8878	0.8886	0.8894	0.8902	1	3	4	5	7
63	0.8910	0.8918	0.8926	0.8934	0.8942	0.8949	0.8957	0.8965	0.8973	0.8980	1	3	4	5	6
64	0.8988	0.8996	0.9003	0.9011	0.9018	0.9026	0.9033	0.9041	0.9048	0.9056	1	3	4	5	6
65	0.9063	0.9070	0.9078	0.9085	0.9092	0.9100	0.9107	0.9114	0.9121	0.9128	1	2	4	5	6
66	0.9135	0.9143	0.9150	0.9157	0.9164	0.9171	0.9178	0.9184	0.9191	0.9198	1	2	3	5	6
67	0.9205	0.9212	0.9219	0.9225	0.9232	0.9239	0.9245	0.9252	0.9259	0.9265	1	2	3	4	6
68	0.9272	0.9278	0.9285	0.9291	0.9298	0.9304	0.9311	0.9317	0.9323	0.9330	1	2	3	4	5
69	0.9336	0.9342	0.9348	0.9354	0.9361	0.9367	0.9373	0.9379	0.9385	0.9391	1	2	3	4	5
70	0.9397	0.9403	0.9409	0.9415	0.9421	0.9426	0.9432	0.9438	0.9444	0.9449	1	2	3	4	5
71	0.9455	0.9461	0.9466	0.9472	0.9478	0.9483	0.9489	0.9494	0.9500	0.9505	1	2	3	4	5
72	0.9511	0.9516	0.9521	0.9527	0.9532	0.9537	0.9542	0.9548	0.9553	0.9558	1	2	3	3	4
73	0.9563	0.9568	0.9573	0.9578	0.9583	0.9588	0.9593	0.9598	0.9603	0.9608	1	2	2	3	4
74	0.9613	0.9617	0.9622	0.9627	0.9632	0.9636	0.9641	0.9646	0.9650	0.9655	1	2	2	3	4
75	0.9659	0.9664	0.9668	0.9673	0.9677	0.9681	0.9686	0.9690	0.9694	0.9699	1	1	2	3	4
76	0.9703	0.9707	0.9711	0.9715	0.9720	0.9724	0.9728	0.9732	0.9736	0.9740	1	1	2	3	3
77	0.9744	0.9748	0.9751	0.9755	0.9759	0.9763	0.9767	0.9770	0.9774	0.9778	1	1	2	2	3
78	0.9781	0.9785	0.9789	0.9792	0.9796	0.9799	0.9803	0.9806	0.9810	0.9813	1	1	2	2	3
79	0.9816	0.9820	0.9823	0.9826	0.9829	0.9833	0.9836	0.9839	0.9842	0.9845	1	1	2	2	3
80	0.9848	0.9851	0.9854	0.9857	0.9860	0.9863	0.9866	0.9869	0.9871	0.9874	0	1	1	2	2
81	0.9877	0.9880	0.9882	0.9885	0.9888	0.9890	0.9893	0.9895	0.9898	0.9900	0	1	1	2	2
82	0.9903	0.9905	0.9907	0.9910	0.9912	0.9914	0.9917	0.9919	0.9921	0.9923	0	1	1	1	2
83	0.9925	0.9928	0.9930	0.9932	0.9934	0.9936	0.9938	0.9940	0.9942	0.9943	0	1	1	1	2
84	0.9945	0.9947	0.9949	0.9951	0.9952	0.9954	0.9956	0.9957	0.9959	0.9960	0	1	1	1	1
85	0.9962	0.9963	0.9965	0.9966	0.9968	0.9969	0.9971	0.9972	0.9973	0.9974	0	0	1	1	1
86	0.9976	0.9977	0.9978	0.9979	0.9980	0.9981	0.9982	0.9983	0.9984	0.9985	0	0	1	1	1
87	0.9986	0.9987	0.9988	0.9989	0.9990	0.9990	0.9991	0.9992	0.9993	0.9993	0	0	0	1	1
88	0.9994	0.9995	0.9995	0.9996	0.9996	0.9997	0.9997	0.9997	0.9998	0.9998	0	0	0	0	0
89	0.9998	0.9999	0.9999	0.9999	0.9999	1.0000	1.0000	1.0000	1.0000	1.0000	0	0	0	0	0
90	1.0000														

Quadrant	Angle	sin A	Examples
first	0 to 90°	sin A	$\sin 34°38' = 0.5683$
second	90° to 180°	$\sin(180°-A)$	$\sin 145°22' = \sin(180°-145°22')$
third	180° to 270°	$-\sin(A-180°)$	$\quad = \sin 34°38' = 0.5683$
fourth	270° to 360°	$-\sin(360°-A)$	$\sin 214°38' = -\sin(214°38'-180°)$
			$\quad = -\sin 34°38' = -0.5683$
			$\sin 325°22' = -\sin(360°-325°22')$
			$\quad = -\sin 34°38' = -0.5683$

Natural Cosines

Numbers in difference columns to be *subtracted*, not added.

°	0' 0.0°	6' 0.1°	12' 0.2°	18' 0.3°	24' 0.4°	30' 0.5°	36' 0.6°	42' 0.7°	48' 0.8°	54' 0.9°	1'	2'	3'	4'	5'
0	1.0000	1.0000	1.0000	1.0000	1.0000	1.0000	0.9999	0.9999	0.9999	0.9999	0	0	0	0	0
1	0.9998	0.9998	0.9998	0.9997	0.9997	0.9997	0.9996	0.9996	0.9995	0.9995	0	0	0	0	0
2	0.9994	0.9993	0.9993	0.9992	0.9991	0.9990	0.9990	0.9989	0.9988	0.9987	0	0	0	1	1
3	0.9986	0.9985	0.9984	0.9983	0.9982	0.9981	0.9980	0.9979	0.9978	0.9977	0	0	1	1	1
4	0.9976	0.9974	0.9973	0.9972	0.9971	0.9969	0.9968	0.9966	0.9965	0.9963	0	0	1	1	1
5	0.9962	0.9960	0.9959	0.9957	0.9956	0.9954	0.9952	0.9951	0.9949	0.9947	0	1	1	1	1
6	0.9945	0.9943	0.9942	0.9940	0.9938	0.9936	0.9934	0.9932	0.9930	0.9928	0	1	1	1	2
7	0.9925	0.9923	0.9921	0.9919	0.9917	0.9914	0.9912	0.9910	0.9907	0.9905	0	1	1	1	2
8	0.9903	0.9900	0.9898	0.9895	0.9893	0.9890	0.9888	0.9885	0.9882	0.9880	0	1	1	2	2
9	0.9877	0.9874	0.9871	0.9869	0.9866	0.9863	0.9860	0.9857	0.9854	0.9851	0	1	1	2	2
10	0.9848	0.9845	0.9842	0.9839	0.9836	0.9833	0.9829	0.9826	0.9823	0.9820	1	1	2	2	3
11	0.9816	0.9813	0.9810	0.9806	0.9803	0.9799	0.9796	0.9792	0.9789	0.9785	1	1	2	2	3
12	0.9781	0.9778	0.9774	0.9770	0.9767	0.9763	0.9759	0.9755	0.9751	0.9748	1	1	2	2	3
13	0.9744	0.9740	0.9736	0.9732	0.9728	0.9724	0.9720	0.9715	0.9711	0.9707	1	1	2	3	3
14	0.9703	0.9699	0.9694	0.9690	0.9686	0.9681	0.9677	0.9673	0.9668	0.9664	1	1	2	3	4
15	0.9659	0.9655	0.9650	0.9646	0.9641	0.9636	0.9632	0.9627	0.9622	0.9617	1	2	2	3	4
16	0.9613	0.9608	0.9603	0.9598	0.9593	0.9588	0.9583	0.9578	0.9573	0.9568	1	2	2	3	4
17	0.9563	0.9558	0.9553	0.9548	0.9542	0.9537	0.9532	0.9527	0.9521	0.9516	1	2	3	3	4
18	0.9511	0.9505	0.9500	0.9494	0.9489	0.9483	0.9478	0.9472	0.9466	0.9461	1	2	3	4	5
19	0.9455	0.9449	0.9444	0.9438	0.9432	0.9426	0.9421	0.9415	0.9409	0.9403	1	2	3	4	5
20	0.9397	0.9391	0.9385	0.9379	0.9373	0.9367	0.9361	0.9354	0.9348	0.9342	1	2	3	4	5
21	0.9336	0.9330	0.9323	0.9317	0.9311	0.9304	0.9298	0.9291	0.9285	0.9278	1	2	3	4	5
22	0.9272	0.9265	0.9259	0.9252	0.9245	0.9239	0.9232	0.9225	0.9219	0.9212	1	2	3	4	6
23	0.9205	0.9198	0.9191	0.9184	0.9178	0.9171	0.9164	0.9157	0.9150	0.9143	1	2	3	5	6
24	0.9135	0.9128	0.9121	0.9114	0.9107	0.9100	0.9092	0.9085	0.9078	0.9070	1	2	4	5	6
25	0.9063	0.9056	0.9048	0.9041	0.9033	0.9026	0.9018	0.9011	0.9003	0.8996	1	3	4	5	6
26	0.8988	0.8980	0.8973	0.8965	0.8957	0.8949	0.8942	0.8934	0.8926	0.8918	1	3	4	5	6
27	0.8910	0.8902	0.8894	0.8886	0.8878	0.8870	0.8862	0.8854	0.8846	0.8838	1	3	4	5	7
28	0.8829	0.8821	0.8813	0.8805	0.8796	0.8788	0.8780	0.8771	0.8763	0.8755	1	3	4	6	7
29	0.8746	0.8738	0.8729	0.8721	0.8712	0.8704	0.8695	0.8686	0.8678	0.8669	1	3	4	6	7
30	0.8660	0.8652	0.8643	0.8634	0.8625	0.8616	0.8607	0.8599	0.8590	0.8581	1	3	4	6	7
31	0.8572	0.8563	0.8554	0.8545	0.8536	0.8526	0.8517	0.8508	0.8499	0.8490	2	3	5	6	8
32	0.8480	0.8471	0.8462	0.8453	0.8443	0.8434	0.8425	0.8415	0.8406	0.8396	2	3	5	6	8
33	0.8387	0.8377	0.8368	0.8358	0.8348	0.8339	0.8329	0.8320	0.8310	0.8300	2	3	5	6	8
34	0.8290	0.8281	0.8271	0.8261	0.8251	0.8241	0.8231	0.8221	0.8211	0.8202	2	3	5	7	8
35	0.8192	0.8181	0.8171	0.8161	0.8151	0.8141	0.8131	0.8121	0.8111	0.8100	2	3	5	7	8
36	0.8090	0.8080	0.8070	0.8059	0.8049	0.8039	0.8028	0.8018	0.8007	0.7997	2	3	5	7	9
37	0.7986	0.7976	0.7965	0.7955	0.7944	0.7934	0.7923	0.7912	0.7902	0.7891	2	4	5	7	9
38	0.7880	0.7869	0.7859	0.7848	0.7837	0.7826	0.7815	0.7804	0.7793	0.7782	2	4	5	7	9
39	0.7771	0.7760	0.7749	0.7738	0.7727	0.7716	0.7705	0.7694	0.7683	0.7672	2	4	6	7	9
40	0.7660	0.7649	0.7638	0.7627	0.7615	0.7604	0.7593	0.7581	0.7570	0.7559	2	4	6	8	9
41	0.7547	0.7536	0.7524	0.7513	0.7501	0.7490	0.7478	0.7466	0.7455	0.7443	2	4	6	8	10
42	0.7431	0.7420	0.7408	0.7396	0.7385	0.7373	0.7361	0.7349	0.7337	0.7325	2	4	6	8	10
43	0.7314	0.7302	0.7290	0.7278	0.7266	0.7254	0.7242	0.7230	0.7218	0.7206	2	4	6	8	10
44	0.7193	0.7181	0.7169	0.7157	0.7145	0.7133	0.7120	0.7108	0.7096	0.7083	2	4	6	8	10

$\cos 24°17' = \cos(24°12' + 5') = 0.9121 - 6$, the 6 is subtracted from the 21
$\cos 24°17' = 0.9121 - 6 = 0.9115$
$\cos 65°32' = \cos(65°30' + 2') = 0.4147 - 5 = 0.4142$

Natural Cosines

Numbers in difference columns to be *subtracted*, not added.

°	0' 0.0°	6' 0.1°	12' 0.2°	18' 0.3°	24' 0.4°	30' 0.5°	36' 0.6°	42' 0.7°	48' 0.8°	54' 0.9°	1'	2'	3'	4'	5'
45	0.7071	0.7059	0.7046	0.7034	0.7022	0.7009	0.6997	0.6984	0.6972	0.6959	2	4	6	8	10
46	0.6947	0.6934	0.6921	0.6909	0.6896	0.6884	0.6871	0.6858	0.6845	0.6833	2	4	6	8	11
47	0.6820	0.6807	0.6794	0.6782	0.6769	0.6756	0.6743	0.6730	0.6717	0.6704	2	4	6	9	11
48	0.6691	0.6678	0.6665	0.6652	0.6639	0.6626	0.6613	0.6600	0.6587	0.6574	2	4	7	9	11
49	0.6561	0.6547	0.6534	0.6521	0.6508	0.6494	0.6481	0.6468	0.6455	0.6441	2	4	7	9	11
50	0.6428	0.6414	0.6401	0.6388	0.6374	0.6361	0.6347	0.6334	0.6320	0.6307	2	4	7	9	11
51	0.6293	0.6280	0.6266	0.6252	0.6239	0.6225	0.6211	0.6198	0.6184	0.6170	2	5	7	9	11
52	0.6157	0.6143	0.6129	0.6115	0.6101	0.6088	0.6074	0.6060	0.6046	0.6032	2	5	7	9	12
53	0.6018	0.6004	0.5990	0.5976	0.5962	0.5948	0.5934	0.5920	0.5906	0.5892	2	5	7	9	12
54	0.5878	0.5864	0.5850	0.5835	0.5821	0.5807	0.5793	0.5779	0.5764	0.5750	2	5	7	9	12
55	0.5736	0.5721	0.5707	0.5693	0.5678	0.5664	0.5650	0.5635	0.5621	0.5606	2	5	7	10	12
56	0.5592	0.5577	0.5563	0.5548	0.5534	0.5519	0.5505	0.5490	0.5476	0.5461	2	5	7	10	12
57	0.5446	0.5432	0.5417	0.5402	0.5388	0.5373	0.5358	0.5344	0.5329	0.5314	2	5	7	10	12
58	0.5299	0.5284	0.5270	0.5255	0.5240	0.5225	0.5210	0.5195	0.5180	0.5165	2	5	7	10	12
59	0.5150	0.5135	0.5120	0.5105	0.5090	0.5075	0.5060	0.5045	0.5030	0.5015	3	5	8	10	13
60	0.5000	0.4985	0.4970	0.4955	0.4939	0.4924	0.4909	0.4894	0.4879	0.4863	3	5	8	10	13
61	0.4848	0.4833	0.4818	0.4802	0.4787	0.4772	0.4756	0.4741	0.4726	0.4710	3	5	8	10	13
62	0.4695	0.4679	0.4664	0.4648	0.4633	0.4617	0.4602	0.4586	0.4571	0.4555	3	5	8	10	13
63	0.4540	0.4524	0.4509	0.4493	0.4478	0.4462	0.4446	0.4431	0.4415	0.4399	3	5	8	10	13
64	0.4384	0.4368	0.4352	0.4337	0.4321	0.4305	0.4289	0.4274	0.4258	0.4242	3	5	8	11	13
65	0.4226	0.4210	0.4195	0.4179	0.4163	0.4147	0.4131	0.4115	0.4099	0.4083	3	5	8	11	13
66	0.4067	0.4051	0.4035	0.4019	0.4003	0.3987	0.3971	0.3955	0.3939	0.3923	3	5	8	11	13
67	0.3907	0.3891	0.3875	0.3859	0.3843	0.3827	0.3811	0.3795	0.3778	0.3762	3	5	8	11	13
68	0.3746	0.3730	0.3714	0.3697	0.3681	0.3665	0.3649	0.3633	0.3616	0.3600	3	5	8	11	14
69	0.3584	0.3567	0.3551	0.3535	0.3518	0.3502	0.3486	0.3469	0.3453	0.3437	3	5	8	11	14
70	0.3420	0.3404	0.3387	0.3371	0.3355	0.3338	0.3322	0.3305	0.3289	0.3272	3	5	8	11	14
71	0.3256	0.3239	0.3223	0.3206	0.3190	0.3173	0.3156	0.3140	0.3123	0.3107	3	6	8	11	14
72	0.3090	0.3074	0.3057	0.3040	0.3024	0.3007	0.2990	0.2974	0.2957	0.2940	3	6	8	11	14
73	0.2924	0.2907	0.2890	0.2874	0.2857	0.2840	0.2823	0.2807	0.2790	0.2773	3	6	8	11	14
74	0.2756	0.2740	0.2723	0.2706	0.2689	0.2672	0.2656	0.2639	0.2622	0.2605	3	6	8	11	14
75	0.2588	0.2571	0.2554	0.2538	0.2521	0.2504	0.2487	0.2470	0.2453	0.2436	3	6	8	11	14
76	0.2419	0.2402	0.2385	0.2368	0.2351	0.2334	0.2317	0.2300	0.2284	0.2267	3	6	8	11	14
77	0.2250	0.2233	0.2215	0.2198	0.2181	0.2164	0.2147	0.2130	0.2113	0.2096	3	6	9	11	14
78	0.2079	0.2062	0.2045	0.2028	0.2011	0.1994	0.1977	0.1959	0.1942	0.1925	3	6	9	11	14
79	0.1908	0.1891	0.1874	0.1857	0.1840	0.1822	0.1805	0.1788	0.1771	0.1754	3	6	9	11	14
80	0.1736	0.1719	0.1702	0.1685	0.1668	0.1650	0.1633	0.1616	0.1599	0.1582	3	6	9	11	14
81	0.1564	0.1547	0.1530	0.1513	0.1495	0.1478	0.1461	0.1444	0.1426	0.1409	3	6	9	11	14
82	0.1392	0.1374	0.1357	0.1340	0.1323	0.1305	0.1288	0.1271	0.1253	0.1236	3	6	9	12	14
83	0.1219	0.1201	0.1184	0.1167	0.1149	0.1132	0.1115	0.1097	0.1080	0.1063	3	6	9	12	14
84	0.1045	0.1028	0.1011	0.0993	0.0976	0.0958	0.0941	0.0924	0.0906	0.0889	3	6	9	12	14
85	0.0872	0.0854	0.0837	0.0819	0.0802	0.0785	0.0767	0.0750	0.0732	0.0715	3	6	9	12	14
86	0.0698	0.0680	0.0663	0.0645	0.0628	0.0610	0.0593	0.0576	0.0558	0.0541	3	6	9	12	15
87	0.0523	0.0506	0.0488	0.0471	0.0454	0.0436	0.0419	0.0401	0.0384	0.0366	3	6	9	12	15
88	0.0349	0.0332	0.0314	0.0297	0.0279	0.0262	0.0244	0.0227	0.0209	0.0192	3	6	9	12	15
89	0.0175	0.0157	0.0140	0.0122	0.0105	0.0087	0.0070	0.0052	0.0035	0.0017	3	6	9	12	15
90	0.0000														

Quadrant	Angle	cos A	Examples
first	0 to 90°	cos A	cos 33°26' = 0.8345
second	90° to 180°	−cos(180°−A)	cos 146°34' = −cos(180° − 146°34')
third	180° to 270°	−cos(A − 180°)	= −cos 33°26' = −0.8345
fourth	270° to 360°	cos(360° − A)	cos 213°26' = −cos(213°26' − 180°)
			= −cos 33°26' = −0.8345
			cos 326°34' = cos(360° − 326°34')
			= cos 33°26' = 0.8345

Natural Tangents

°	0' 0.0°	6' 0.1°	12' 0.2°	18' 0.3°	24' 0.4°	30' 0.5°	36' 0.6°	42' 0.7°	48' 0.8°	54' 0.9°	1'	2'	3'	4'	5'
0	0.0000	0.0017	0.0035	0.0052	0.0070	0.0087	0.0105	0.0122	0.0140	0.0157	3	6	9	12	15
1	0.0175	0.0192	0.0209	0.0227	0.0244	0.0262	0.0279	0.0297	0.0314	0.0332	3	6	9	12	15
2	0.0349	0.0367	0.0384	0.0402	0.0419	0.0437	0.0454	0.0472	0.0489	0.0507	3	6	9	12	15
3	0.0524	0.0542	0.0559	0.0577	0.0594	0.0612	0.0629	0.0647	0.0664	0.0682	3	6	9	12	15
4	0.0699	0.0717	0.0734	0.0752	0.0769	0.0787	0.0805	0.0822	0.0840	0.0857	3	6	9	12	15
5	0.0875	0.0892	0.0910	0.0928	0.0945	0.0963	0.0981	0.0998	0.1016	0.1033	3	6	9	12	15
6	0.1051	0.1069	0.1086	0.1104	0.1122	0.1139	0.1157	0.1175	0.1192	0.1210	3	6	9	12	15
7	0.1228	0.1246	0.1263	0.1281	0.1299	0.1317	0.1334	0.1352	0.1370	0.1388	3	6	9	12	15
8	0.1405	0.1423	0.1441	0.1459	0.1477	0.1495	0.1512	0.1530	0.1548	0.1566	3	6	9	12	15
9	0.1584	0.1602	0.1620	0.1638	0.1655	0.1673	0.1691	0.1709	0.1727	0.1745	3	6	9	12	15
10	0.1763	0.1781	0.1799	0.1817	0.1835	0.1853	0.1871	0.1890	0.1908	0.1926	3	6	9	12	15
11	0.1944	0.1962	0.1980	0.1998	0.2016	0.2035	0.2053	0.2071	0.2089	0.2107	3	6	9	12	15
12	0.2126	0.2144	0.2162	0.2180	0.2199	0.2217	0.2235	0.2254	0.2272	0.2290	3	6	9	12	15
13	0.2309	0.2327	0.2345	0.2364	0.2382	0.2401	0.2419	0.2438	0.2456	0.2475	3	6	9	12	15
14	0.2493	0.2512	0.2530	0.2549	0.2568	0.2586	0.2605	0.2623	0.2642	0.2661	3	6	9	12	16
15	0.2679	0.2698	0.2717	0.2736	0.2754	0.2773	0.2792	0.2811	0.2830	0.2849	3	6	9	13	16
16	0.2867	0.2886	0.2905	0.2924	0.2943	0.2962	0.2981	0.3000	0.3019	0.3038	3	6	9	13	16
17	0.3057	0.3076	0.3096	0.3115	0.3134	0.3153	0.3172	0.3191	0.3211	0.3230	3	6	10	13	16
18	0.3249	0.3269	0.3288	0.3307	0.3327	0.3346	0.3365	0.3385	0.3404	0.3424	3	6	10	13	16
19	0.3443	0.3463	0.3482	0.3502	0.3522	0.3541	0.3561	0.3581	0.3600	0.3620	3	7	10	13	16
20	0.3640	0.3659	0.3679	0.3699	0.3719	0.3739	0.3759	0.3779	0.3799	0.3819	3	7	10	13	17
21	0.3839	0.3859	0.3879	0.3899	0.3919	0.3939	0.3959	0.3979	0.4000	0.4020	3	7	10	13	17
22	0.4040	0.4061	0.4081	0.4101	0.4122	0.4142	0.4163	0.4183	0.4204	0.4224	3	7	10	14	17
23	0.4245	0.4265	0.4286	0.4307	0.4327	0.4348	0.4369	0.4390	0.4411	0.4431	3	7	10	14	17
24	0.4452	0.4473	0.4494	0.4515	0.4536	0.4557	0.4578	0.4599	0.4621	0.4642	4	7	11	14	18
25	0.4663	0.4684	0.4706	0.4727	0.4748	0.4770	0.4791	0.4813	0.4834	0.4856	4	7	11	14	18
26	0.4877	0.4899	0.4921	0.4942	0.4964	0.4986	0.5008	0.5029	0.5051	0.5073	4	7	11	15	18
27	0.5095	0.5117	0.5139	0.5161	0.5184	0.5206	0.5228	0.5250	0.5272	0.5295	4	7	11	15	18
28	0.5317	0.5340	0.5362	0.5384	0.5407	0.5430	0.5452	0.5475	0.5498	0.5520	4	8	11	15	19
29	0.5543	0.5566	0.5589	0.5612	0.5635	0.5658	0.5681	0.5704	0.5727	0.5750	4	8	12	15	19
30	0.5774	0.5797	0.5820	0.5844	0.5867	0.5890	0.5914	0.5938	0.5961	0.5985	4	8	12	16	20
31	0.6009	0.6032	0.6056	0.6080	0.6104	0.6128	0.6152	0.6176	0.6200	0.6224	4	8	12	16	20
32	0.6249	0.6273	0.6297	0.6322	0.6346	0.6371	0.6395	0.6420	0.6445	0.6469	4	8	12	16	20
33	0.6494	0.6519	0.6544	0.6569	0.6594	0.6619	0.6644	0.6669	0.6694	0.6720	4	8	13	17	21
34	0.6745	0.6771	0.6796	0.6822	0.6847	0.6873	0.6899	0.6924	0.6950	0.6976	4	9	13	17	21
35	0.7002	0.7028	0.7054	0.7080	0.7107	0.7133	0.7159	0.7186	0.7212	0.7239	4	9	13	17	22
36	0.7265	0.7292	0.7319	0.7346	0.7373	0.7400	0.7427	0.7454	0.7481	0.7508	5	9	14	18	23
37	0.7536	0.7563	0.7590	0.7618	0.7646	0.7673	0.7701	0.7729	0.7757	0.7785	5	9	14	18	23
38	0.7813	0.7841	0.7869	0.7898	0.7926	0.7954	0.7983	0.8012	0.8040	0.8069	5	9	14	19	24
39	0.8098	0.8127	0.8156	0.8185	0.8214	0.8243	0.8273	0.8302	0.8332	0.8361	5	10	15	20	24
40	0.8391	0.8421	0.8451	0.8481	0.8511	0.8541	0.8571	0.8601	0.8632	0.8662	5	10	15	20	25
41	0.8693	0.8724	0.8754	0.8785	0.8816	0.8847	0.8878	0.8910	0.8941	0.8972	5	10	16	21	26
42	0.9004	0.9036	0.9067	0.9099	0.9131	0.9163	0.9195	0.9228	0.9260	0.9293	5	11	16	21	27
43	0.9325	0.9358	0.9391	0.9424	0.9457	0.9490	0.9523	0.9556	0.9590	0.9623	6	11	17	22	28
44	0.9657	0.9691	0.9725	0.9759	0.9793	0.9827	0.9861	0.9896	0.9930	0.9965	6	11	17	23	28

Add

$\tan 75°37' = \tan(75°36'+1') = 3.894\ 7+46$, the 46 is added to the 47.

$\tan 75°37' = 3.894\ 7+46 = 3.899\ 3$

$\tan 27°22' = \tan(27°18'+4') = 0.516\ 1+15 = 0.517\ 6$

Natural Tangents

Add

°	0' 0.0°	6' 0.1°	12' 0.2°	18' 0.3°	24' 0.4°	30' 0.5°	36' 0.6°	42' 0.7°	48' 0.8°	54' 0.9°	1'	2'	3'	4'	5'
45	1.0000	1.0035	1.0070	1.0105	1.0141	1.0176	1.0212	1.0247	1.0283	1.0319	6	12	18	24	30
46	1.0355	1.0392	1.0428	1.0464	1.0501	1.0538	1.0575	1.0612	1.0649	1.0686	6	12	18	25	31
47	1.0724	1.0761	1.0799	1.0837	1.0875	1.0913	1.0951	1.0990	1.1028	1.1067	6	13	19	25	32
48	1.1106	1.1145	1.1184	1.1224	1.1263	1.1303	1.1343	1.1383	1.1423	1.1463	7	13	20	27	33
49	1.1504	1.1544	1.1585	1.1626	1.1667	1.1708	1.1750	1.1792	1.1833	1.1875	7	14	21	28	34
50	1.1918	1.1960	1.2002	1.2045	1.2088	1.2131	1.2174	1.2218	1.2261	1.2305	7	14	22	29	36
51	1.2349	1.2393	1.2437	1.2482	1.2527	1.2572	1.2617	1.2662	1.2708	1.2753	8	15	23	30	38
52	1.2799	1.2846	1.2892	1.2938	1.2985	1.3032	1.3079	1.3127	1.3175	1.3222	8	16	24	31	39
53	1.3270	1.3319	1.3367	1.3416	1.3465	1.3514	1.3564	1.3613	1.3663	1.3713	8	16	25	33	41
54	1.3764	1.3814	1.3865	1.3916	1.3968	1.4019	1.4071	1.4124	1.4176	1.4229	9	17	26	34	43
55	1.4281	1.4335	1.4388	1.4442	1.4496	1.4550	1.4605	1.4659	1.4715	1.4770	9	18	27	36	45
56	1.4826	1.4882	1.4938	1.4994	1.5051	1.5108	1.5166	1.5224	1.5282	1.5340	10	19	29	38	48
57	1.5399	1.5458	1.5517	1.5577	1.5637	1.5697	1.5757	1.5818	1.5880	1.5941	10	20	30	40	50
58	1.6003	1.6066	1.6128	1.6191	1.6255	1.6319	1.6383	1.6447	1.6512	1.6577	11	21	32	43	53
59	1.6643	1.6709	1.6775	1.6842	1.6909	1.6977	1.7045	1.7113	1.7182	1.7251	11	23	34	45	56
60	1.7321	1.7391	1.7461	1.7532	1.7603	1.7675	1.7747	1.7820	1.7893	1.7966	12	24	36	48	60
61	1.8040	1.8115	1.8190	1.8265	1.8341	1.8418	1.8495	1.8572	1.8650	1.8728	13	26	38	51	64
62	1.8807	1.8887	1.8967	1.9047	1.9128	1.9210	1.9292	1.9375	1.9458	1.9542	14	27	41	55	68
63	1.9626	1.9711	1.9797	1.9883	1.9970	2.0057	2.0145	2.0233	2.0323	2.0413	15	29	44	58	73
64	2.0503	2.0594	2.0686	2.0778	2.0872	2.0965	2.1060	2.1155	2.1251	2.1348	16	31	47	63	78
65	2.1445	2.1543	2.1642	2.1742	2.1842	2.1943	2.2045	2.2148	2.2251	2.2355	17	34	51	68	85
66	2.2460	2.2566	2.2673	2.2781	2.2889	2.2998	2.3109	2.3220	2.3332	2.3445	18	37	55	73	92
67	2.3559	2.3673	2.3789	2.3906	2.4023	2.4142	2.4262	2.4383	2.4504	2.4627	20	40	60	79	99
68	2.4751	2.4876	2.5002	2.5129	2.5257	2.5386	2.5517	2.5649	2.5782	2.5916	22	43	65	87	108
69	2.6051	2.6187	2.6325	2.6464	2.6605	2.6746	2.6889	2.7034	2.7179	2.7326	24	47	71	95	119
70	2.7475	2.7625	2.7776	2.7929	2.8083	2.8239	2.8397	2.8556	2.8716	2.8878	26	52	78	104	131
71	2.9042	2.9208	2.9375	2.9544	2.9714	2.9887	3.0061	3.0237	3.0415	3.0595	29	58	87	116	145
72	3.0777	3.0961	3.1146	3.1334	3.1524	3.1716	3.1910	3.2106	3.2305	3.2506	32	64	96	129	161
73	3.2709	3.2914	3.3122	3.3332	3.3544	3.3759	3.3977	3.4197	3.4420	3.4646	36	72	108	144	180
74	3.4874	3.5105	3.5339	3.5576	3.5816	3.6059	3.6305	3.6554	3.6806	3.7062	41	81	122	163	204
75	3.7321	3.7583	3.7848	3.8118	3.8391	3.8667	3.8947	3.9232	3.9520	3.9812	46	93	139	186	232
76	4.0108	4.0408	4.0713	4.1022	4.1335	4.1653	4.1976	4.2303	4.2635	4.2972	53	107	160	213	267
77	4.3315	4.3662	4.4015	4.4374	4.4737	4.5107	4.5483	4.5864	4.6252	4.6646					
78	4.7046	4.7453	4.7867	4.8288	4.8716	4.9152	4.9594	5.0045	5.0504	5.0970					
79	5.1446	5.1929	5.2422	5.2924	5.3435	5.3955	5.4486	5.5026	5.5578	5.6140					
80	5.6713	5.7297	5.7894	5.8502	5.9124	5.9758	6.0405	6.1066	6.1742	6.2432	Differences untrustworthy here				
81	6.3138	6.3859	6.4596	6.5350	6.6122	6.6912	6.7720	6.8548	6.9395	7.0264					
82	7.1154	7.2066	7.3002	7.3962	7.4947	7.5958	7.6996	7.8062	7.9158	8.0285					
83	8.1443	8.2636	8.3863	8.5126	8.6427	8.7769	8.9152	9.0579	9.2052	9.3572					
84	9.5144	9.677	9.845	10.02	10.20	10.39	10.58	10.78	10.99	11.20					
85	11.43	11.66	11.91	12.16	12.43	12.71	13.00	13.30	13.62	13.95					
86	14.30	14.67	15.06	15.46	15.89	16.35	16.83	17.34	17.89	18.46					
87	19.08	19.74	20.45	21.20	22.02	22.90	23.86	24.90	26.03	27.27					
88	28.64	30.14	31.82	33.69	35.80	38.19	40.92	44.07	47.74	52.08					
89	57.29	63.66	71.62	81.85	95.49	114.6	143.2	191.0	286.5	573.0					
90	∞														

Quadrant	Angle	tan A	Examples
first	0 to 90°	tan A	tan 56°17' = 1.4986
second	90° to 180°	−tan(180° − A)	tan 123°43' = −tan(180° − 123°43')
third	180° to 270°	tan(A − 180°)	= −tan 56°17' = −1.4986
fourth	270° to 360°	−tan(360° − A)	tan 236°17' = tan (236°17' − 180°)
			= tan 56°17' = 1.4986
			tan 303°43' = −tan(360° − 303°43')
			= −tan 56°17' = −1.4986

Natural Secants

Add

°	0′ 0.0°	6′ 0.1°	12′ 0.2°	18′ 0.3°	24′ 0.4°	30′ 0.5°	36′ 0.6°	42′ 0.7°	48′ 0.8°	54′ 0.9°	1′	2′	3′	4′	5′
0	1.0000	1.0000	1.0000	1.0000	1.0000	1.0000	1.0001	1.0001	1.0001	1.0001					
1	1.0002	1.0002	1.0002	1.0003	1.0003	1.0003	1.0004	1.0004	1.0005	1.0006					
2	1.0006	1.0007	1.0007	1.0008	1.0009	1.0010	1.0010	1.0011	1.0012	1.0013					
3	1.0014	1.0015	1.0016	1.0017	1.0018	1.0019	1.0020	1.0021	1.0022	1.0023	0	0	0	1	1
4	1.0024	1.0026	1.0027	1.0028	1.0030	1.0031	1.0032	1.0034	1.0035	1.0037	0	0	1	1	1
5	1.0038	1.0040	1.0041	1.0043	1.0045	1.0046	1.0048	1.0050	1.0051	1.0053	0	1	1	1	1
6	1.0055	1.0057	1.0059	1.0061	1.0063	1.0065	1.0067	1.0069	1.0071	1.0073	0	1	1	1	2
7	1.0075	1.0077	1.0079	1.0082	1.0084	1.0086	1.0089	1.0091	1.0093	1.0096	0	1	1	2	2
8	1.0098	1.0101	1.0103	1.0106	1.0108	1.0111	1.0114	1.0116	1.0119	1.0122	0	1	1	2	2
9	1.0125	1.0127	1.0130	1.0133	1.0136	1.0139	1.0142	1.0145	1.0148	1.0151	0	1	1	2	2
10	1.0154	1.0157	1.0161	1.0164	1.0167	1.0170	1.0174	1.0177	1.0180	0.0184	1	1	2	2	3
11	1.0187	1.0191	1.0194	1.0198	1.0201	1.0205	1.0209	1.0212	1.0216	1.0220	1	1	2	2	3
12	1.0223	1.0227	1.0231	1.0235	1.0239	1.0243	1.0247	1.0251	1.0255	1.0259	1	1	2	3	3
13	1.0263	1.0267	1.0271	1.0276	1.0280	1.0284	1.0288	1.0293	1.0297	1.0302	1	1	2	3	4
14	1.0306	1.0311	1.0315	1.0320	1.0324	1.0329	1.0334	1.0338	1.0343	1.0348	1	2	2	3	4
15	1.0353	1.0358	1.0363	1.0367	1.0372	1.0377	1.0382	1.0388	1.0393	1.0398	1	2	3	3	4
16	1.0403	1.0408	1.0413	1.0419	1.0424	1.0429	1.0435	1.0440	1.0446	1.0451	1	2	3	4	4
17	1.0457	1.0463	1.0468	1.0474	1.0480	1.0485	1.0491	1.0497	1.0503	1.0509	1	2	3	4	5
18	1.0515	1.0521	1.0527	1.0533	1.0539	1.0545	1.0551	1.0557	1.0564	1.0570	1	2	3	4	5
19	1.0576	1.0583	1.0589	1.0595	1.0602	1.0608	1.0615	1.0622	1.0628	1.0635	1	2	3	4	5
20	1.0642	1.0649	1.0655	1.0662	1.0669	1.0676	1.0683	1.0690	1.0697	1.0704	1	2	3	5	6
21	1.0711	1.0719	1.0726	1.0733	1.0740	1.0748	1.0755	1.0763	1.0770	1.0778	1	2	4	5	6
22	1.0785	1.0793	1.0801	1.0808	1.0816	1.0824	1.0832	1.0840	1.0848	1.0856	1	3	4	5	7
23	1.0864	1.0872	1.0880	1.0888	1.0896	1.0904	1.0913	1.0921	1.0929	1.0938	1	3	4	6	7
24	1.0946	1.0955	1.0963	1.0972	1.0981	1.0989	1.0998	1.1007	1.1016	1.1025	1	3	4	6	7
25	1.1034	1.1043	1.1052	1.1061	1.1070	1.1079	1.1089	1.1098	1.1107	1.1117	2	3	5	6	8
26	1.1126	1.1136	1.1145	1.1155	1.1164	1.1174	1.1184	1.1194	1.1203	1.1213	2	3	5	6	8
27	1.1223	1.1233	1.1243	1.1253	1.1264	1.1274	1.1284	1.1294	1.1305	1.1315	2	3	5	7	9
28	1.1326	1.1336	1.1347	1.1357	1.1368	1.1379	1.1390	1.1401	1.1412	1.1423	2	4	5	7	9
29	1.1434	1.1445	1.1456	1.1467	1.1478	1.1490	1.1501	1.1512	1.1524	1.1535	2	4	6	8	9
30	1.1547	1.1559	1.1570	1.1582	1.1594	1.1606	1.1618	1.1630	1.1642	1.1654	2	4	6	8	10
31	1.1666	1.1679	1.1691	1.1703	1.1716	1.1728	1.1741	1.1753	1.1766	1.1779	2	4	6	8	10
32	1.1792	1.1805	1.1818	1.1831	1.1844	1.1857	1.1870	1.1883	1.1897	1.1910	2	4	7	9	11
33	1.1924	1.1937	1.1951	1.1964	1.1978	1.1992	1.2006	1.2020	1.2034	1.2048	2	5	7	9	12
34	1.2062	1.2076	1.2091	1.2105	1.2120	1.2134	1.2149	1.2163	1.2178	1.2193	2	5	7	10	12
35	1.2208	1.2223	1.2238	1.2253	1.2268	1.2283	1.2299	1.2314	1.2329	1.2345	3	5	8	10	13
36	1.2361	1.2376	1.2392	1.2408	1.2424	1.2440	1.2456	1.2472	1.2489	1.2505	3	5	8	11	13
37	1.2521	1.2538	1.2554	1.2571	1.2588	1.2605	1.2622	1.2639	1.2656	1.2673	3	6	8	11	14
38	1.2690	1.2708	1.2725	1.2742	1.2760	1.2778	1.2796	1.2813	1.2831	1.2849	3	6	9	12	15
39	1.2868	1.2886	1.2904	1.2923	1.2941	1.2960	1.2978	1.2997	1.3016	1.3035	3	6	9	12	16
40	1.3054	1.3073	1.3093	1.3112	1.3131	1.3151	1.3171	1.3190	1.3210	1.3230	3	7	10	13	16
41	1.3250	1.3270	1.3291	1.3311	1.3331	1.3352	1.3373	1.3393	1.3414	1.3435	3	7	10	14	17
42	1.3456	1.3478	1.3499	1.3520	1.3542	1.3563	1.3585	1.3607	1.3629	1.3651	4	7	11	14	18
43	1.3673	1.3696	1.3718	1.3741	1.3763	1.3786	1.3809	1.3832	1.3855	1.3878	4	8	11	15	19
44	1.3902	1.3925	1.3949	1.3972	1.3996	1.4020	1.4044	1.4069	1.4093	1.4118	4	8	12	16	20

$\sec 8°53' = \sec(8°48'+5') = 1.011\,9+2$, the 2 is added to the 9.
$\sec 8°53' = 1.011\,9+2 = 1.012\,1$

$$\sec A = \frac{1}{\cos A}$$

$\dfrac{1}{\cos 68°3'} = \sec 68°3' = \sec(68°+3') = 2.669\,5+60 = 2.675\,5$

Natural Secants

Add

°	0′ 0.0°	6′ 0.1°	12′ 0.2°	18′ 0.3°	24′ 0.4°	30′ 0.5°	36′ 0.6°	42′ 0.7°	48′ 0.8°	54′ 0.9°	1′	2′	3′	4′	5′
45	1.4142	1.4167	1.4192	1.4217	1.4242	1.4267	1.4293	1.4318	1.4344	1.4370	4	8	13	17	21
46	1.4396	1.4422	1.4448	1.4474	1.4501	1.4527	1.4554	1.4581	1.4608	1.4635	4	9	13	18	22
47	1.4663	1.4690	1.4718	1.4746	1.4774	1.4802	1.4830	1.4859	1.4887	1.4916	5	9	14	19	23
48	1.4945	1.4974	1.5003	1.5032	1.5062	1.5092	1.5121	1.5151	1.5182	1.5212	5	10	15	20	25
49	1.5243	1.5273	1.5304	1.5335	1.5366	1.5398	1.5429	1.5461	1.5493	1.5525	5	10	16	21	26
50	1.5557	1.5590	1.5622	1.5655	1.5688	1.5721	1.5755	1.5788	1.5822	1.5856	6	11	17	22	28
51	1.5890	1.5925	1.5959	1.5994	1.6029	1.6064	1.6099	1.6135	1.6171	1.6207	6	12	18	23	29
52	1.6243	1.6279	1.6316	1.6353	1.6390	1.6427	1.6464	1.6502	1.6540	1.6578	6	12	19	25	31
53	1.6616	1.6655	1.6694	1.6733	1.6772	1.6812	1.6852	1.6892	1.6932	1.6972	7	13	20	26	33
54	1.7013	1.7054	1.7095	1.7137	1.7179	1.7221	1.7263	1.7305	1.7348	1.7391	7	14	21	28	35
55	1.7434	1.7478	1.7522	1.7566	1.7610	1.7655	1.7700	1.7745	1.7791	1.7837	7	15	22	30	37
56	1.7883	1.7929	1.7976	1.8023	1.8070	1.8118	1.8166	1.8214	1.8263	1.8312	8	16	24	32	40
57	1.8361	1.8410	1.8460	1.8510	1.8561	1.8612	1.8663	1.8714	1.8766	1.8818	8	17	25	34	42
58	1.8871	1.8924	1.8977	1.9031	1.9084	1.9139	1.9194	1.9249	1.9304	1.9360	9	18	27	36	45
59	1.9416	1.9473	1.9530	1.9587	1.9645	1.9703	1.9762	1.9821	1.9880	1.9940	10	19	29	39	49
60	2.0000	2.0061	2.0122	2.0183	2.0245	2.0308	2.0371	2.0434	2.0498	2.0562	10	21	31	42	52
61	2.0627	2.0692	2.0757	2.0824	2.0890	2.0957	2.1025	2.1093	2.1162	2.1231	11	22	34	45	56
62	2.1301	2.1371	2.1441	2.1513	2.1584	2.1657	2.1730	2.1803	2.1877	2.1952	12	24	36	48	61
63	2.2027	2.2103	2.2179	2.2256	2.2333	2.2412	2.2490	2.2570	2.2650	2.2730	13	26	39	52	65
64	2.2812	2.2894	2.2976	2.3060	2.3144	2.3228	2.3314	2.3400	2.3486	2.3574	14	28	43	57	71
65	2.3662	2.3751	2.3841	2.3931	2.4022	2.4114	2.4207	2.4300	2.4395	2.4490	15	31	46	62	77
66	2.4586	2.4683	2.4780	2.4879	2.4978	2.5078	2.5180	2.5282	2.5384	2.5488	17	34	50	67	84
67	2.5593	2.5699	2.5805	2.5913	2.6022	2.6131	2.6242	2.6354	2.6466	2.6580	18	37	55	73	92
68	2.6695	2.6811	2.6927	2.7046	2.7165	2.7285	2.7407	2.7529	2.7653	2.7778	20	40	60	81	101
69	2.7904	2.8032	2.8161	2.8291	2.8422	2.8555	2.8688	2.8824	2.8960	2.9099	22	44	67	89	111
70	2.9238	2.9379	2.9521	2.9665	2.9811	2.9957	3.0106	3.0256	3.0407	3.0561	25	49	74	98	123
71	3.0716	3.0872	3.1030	3.1190	3.1352	3.1515	3.1681	3.1848	3.2017	3.2188	27	55	82	110	137
72	3.2361	3.2535	3.2712	3.2891	3.3072	3.3255	3.3440	3.3628	3.3817	3.4009	31	61	92	123	153
73	3.4203	3.4399	3.4598	3.4799	3.5003	3.5209	3.5418	3.5629	3.5843	3.6060	35	69	104	138	173
74	3.6280	3.6502	3.6727	3.6955	3.7186	3.7420	3.7657	3.7897	3.8140	3.8387	39	79	118	157	196
75	3.8637	3.8890	3.9147	3.9408	3.9672	3.9939	4.0211	4.0486	4.0765	4.1048	45	90	135	180	225
76	4.1336	4.1627	4.1923	4.2223	4.2527	4.2837	4.3150	4.3469	4.3792	4.4121	52	104	156	207	260
77	4.4454	4.4793	4.5137	4.5486	4.5841	4.6202	4.6569	4.6942	4.7321	4.7706	61	121	182	242	303
78	4.8097	4.8496	4.8901	4.9313	4.9732	5.0159	5.0593	5.1034	5.1484	5.1942	72	143	215	287	359
79	5.2408	5.2883	5.3367	5.3860	5.4362	5.4874	5.5396	5.5928	5.6470	5.7023	86	172	258	344	431
80	5.759	5.816	5.875	5.935	5.996	6.059	6.123	6.188	6.255	6.323					
81	6.392	6.464	6.537	6.611	6.687	6.765	6.845	6.927	7.011	7.097					
82	7.185	7.276	7.368	7.463	7.561	7.661	7.764	7.870	7.979	8.091					
83	8.206	8.324	8.446	8.571	8.700	8.834	8.971	9.113	9.259	9.411					
84	9.57	9.73	9.90	10.07	10.25	10.43	10.63	10.83	11.03	11.25	Differences untrustworthy here				
85	11.47	11.71	11.95	12.20	12.47	12.75	13.03	13.34	13.65	13.99					
86	14.34	14.70	15.09	15.50	15.93	16.38	16.86	17.37	17.91	18.49					
87	19.11	19.77	20.47	21.23	22.04	22.93	23.88	24.92	26.05	27.29					
88	28.65	30.16	31.84	33.71	35.81	38.20	40.93	44.08	47.75	52.09					
89	57.30	63.66	71.62	81.85	95.49	114.6	143.2	191.0	286.5	573.0					

Quadrant	Angle	sec A	Examples
first	0°—90°	sec A	sec $33°26' = 1.1983$
second	90°—180°	$-\sec(180° - A)$	sec $146°34' = -\sec(180° - 146°34')$
third	180°—270°	$-\sec(A - 180°)$	$\quad = -\sec 33°26' = -1.1983$
fourth	270°—360°	$\sec(360° - A)$	sec $213°26' = -\sec(213°26' - 180°)$
			$\quad = -\sec 33°26' = -1.1983$
			sec $326°34' = \sec(360° - 326°34')$
			$\quad = \sec 33°26' = 1.1983$

Natural Cosecants

Numbers in difference columns to be *subtracted*, not added.

°	0' 0.0°	6' 0.1°	12' 0.2°	18' 0.3°	24' 0.4°	30' 0.5°	36' 0.6°	42' 0.7°	48' 0.8°	54' 0.9°					
0	∞	573.0	286.5	191.0	143.2	114.6	95.49	81.85	71.62	63.66					
1	57.30	52.09	47.75	44.08	40.93	38.20	35.81	33.71	31.84	30.16		Differences			
2	28.65	27.29	26.05	24.92	23.88	22.93	22.04	21.23	20.47	19.77		untrustworthy			
3	19.11	18.49	17.91	17.37	16.86	16.38	15.93	15.50	15.09	14.70		here			
4	14.34	13.99	13.65	13.34	13.03	12.75	12.47	12.20	11.95	11.71					
5	11.47	11.25	11.03	10.83	10.63	10.43	10.25	10.07	9.90	9.73					
6	9.567	9.411	9.259	9.113	8.971	8.834	8.700	8.571	8.446	8.324					
7	8.206	8.091	7.979	7.870	7.764	7.661	7.561	7.463	7.368	7.276					
8	7.185	7.097	7.011	6.927	6.845	6.765	6.687	6.611	6.537	6.464					
9	6.392	6.323	6.255	6.188	6.123	6.059	5.996	5.935	5.875	5.816	1'	2'	3'	4'	5'
10	5.7588	5.7023	5.6470	5.5928	5.5396	5.4874	5.4362	5.3860	5.3367	5.2883	86	172	258	344	431
11	5.2408	5.1942	5.1484	5.1034	5.0593	5.0159	4.9732	4.9313	4.8901	4.8496	72	143	215	287	359
12	4.8097	4.7706	4.7321	4.6942	4.6569	4.6202	4.5841	4.5486	4.5137	4.4793	61	121	182	242	303
13	4.4454	4.4121	4.3792	4.3469	4.3150	4.2837	4.2527	4.2223	4.1923	4.1627	52	104	156	207	260
14	4.1336	4.1048	4.0765	4.0486	4.0211	3.9939	3.9672	3.9408	3.9147	3.8890	45	90	135	180	225
15	3.8637	3.8387	3.8140	3.7897	3.7657	3.7420	3.7186	3.6955	3.6727	3.6502	39	79	118	157	196
16	3.6280	3.6060	3.5843	3.5629	3.5418	3.5209	3.5003	3.4799	3.4598	3.4399	35	69	104	138	173
17	3.4203	3.4009	3.3817	3.3628	3.3440	3.3255	3.3072	3.2891	3.2712	3.2535	31	61	92	123	153
18	3.2361	3.2188	3.2017	3.1848	3.1681	3.1515	3.1352	3.1190	3.1030	3.0872	27	55	82	110	137
19	3.0716	3.0561	3.0407	3.0256	3.0106	2.9957	2.9811	2.9665	2.9521	2.9379	25	49	74	98	123
20	2.9238	2.9099	2.8960	2.8824	2.8688	2.8555	2.8422	2.8291	2.8161	2.8032	22	44	67	89	111
21	2.7904	2.7778	2.7653	2.7529	2.7407	2.7285	2.7165	2.7046	2.6927	2.6811	20	40	60	81	101
22	2.6695	2.6580	2.6466	2.6354	2.6242	2.6131	2.6022	2.5913	2.5805	2.5699	18	37	55	73	92
23	2.5593	2.5488	2.5384	2.5282	2.5180	2.5078	2.4978	2.4879	2.4780	2.4683	17	34	50	67	84
24	2.4586	2.4490	2.4395	2.4300	2.4207	2.4114	2.4022	2.3931	2.3841	2.3751	15	31	46	62	77
25	2.3662	2.3574	2.3486	2.3400	2.3314	2.3228	2.3144	2.3060	2.2976	2.2894	14	28	43	57	71
26	2.2812	2.2730	2.2650	2.2570	2.2490	2.2412	2.2333	2.2256	2.2179	2.2103	13	26	39	52	65
27	2.2027	2.1952	2.1877	2.1803	2.1730	2.1657	2.1584	2.1513	2.1441	2.1371	12	24	36	48	61
28	2.1301	2.1231	2.1162	2.1093	2.1025	2.0957	2.0890	2.0824	2.0757	2.0692	11	22	34	45	56
29	2.0627	2.0562	2.0498	2.0434	2.0371	2.0308	2.0245	2.0183	2.0122	2.0061	10	21	31	42	52
30	2.0000	1.9940	1.9880	1.9821	1.9762	1.9703	1.9645	1.9587	1.9530	1.9473	10	19	29	39	49
31	1.9416	1.9360	1.9304	1.9249	1.9194	1.9139	1.9084	1.9031	1.8977	1.8924	9	18	27	36	45
32	1.8871	1.8818	1.8766	1.8714	1.8663	1.8612	1.8561	1.8510	1.8460	1.8410	8	17	25	34	42
33	1.8361	1.8312	1.8263	1.8214	1.8166	1.8118	1.8070	1.8023	1.7976	1.7929	8	16	24	32	40
34	1.7883	1.7837	1.7791	1.7745	1.7700	1.7655	1.7610	1.7566	1.7522	1.7478	7	15	22	30	37
35	1.7434	1.7391	1.7348	1.7305	1.7263	1.7221	1.7179	1.7137	1.7095	1.7054	7	14	21	28	35
36	1.7013	1.6972	1.6932	1.6892	1.6852	1.6812	1.6772	1.6733	1.6694	1.6655	7	13	20	26	33
37	1.6616	1.6578	1.6540	1.6502	1.6464	1.6427	1.6390	1.6353	1.6316	1.6279	6	12	19	25	31
38	1.6243	1.6207	1.6171	1.6135	1.6099	1.6064	1.6029	1.5994	1.5959	1.5925	6	12	18	23	29
39	1.5890	1.5856	1.5822	1.5788	1.5755	1.5721	1.5688	1.5655	1.5622	1.5590	6	11	17	22	28
40	1.5557	1.5525	1.5493	1.5461	1.5429	1.5398	1.5366	1.5335	1.5304	1.5273	5	10	16	21	26
41	1.5243	1.5212	1.5182	1.5151	1.5121	1.5092	1.5062	1.5032	1.5003	1.4974	5	10	15	20	25
42	1.4945	1.4916	1.4887	1.4859	1.4830	1.4802	1.4774	1.4746	1.4718	1.4690	5	9	14	19	23
43	1.4663	1.4635	1.4608	1.4581	1.4554	1.4527	1.4501	1.4474	1.4448	1.4422	4	9	13	18	22
44	1.4396	1.4370	1.4344	1.4318	1.4293	1.4267	1.4242	1.4217	1.4192	1.4167	4	8	13	17	21

cosec $11°22'$ = cosec $(11°18'+4')$ = 5.103 4−287, the 287 is subtracted from the 103 4.

cosec $11°22'$ = 5.103 4−287 = 5.074 7

$$\operatorname{cosec} A = \frac{1}{\sin A}$$

$\dfrac{1}{\sin 82°38'}$ = cosec $82°38'$ = cosec $(82°36'+2')$ = 1.008 4−1 = 1.008 3

Natural Cosecants

Numbers in difference columns to be *subtracted*, not added.

°	0′ 0.0°	6′ 0.1°	12′ 0.2°	18′ 0.3°	24′ 0.4°	30′ 0.5°	36′ 0.6°	42′ 0.7°	48′ 0.8°	54′ 0.9°	1′	2′	3′	4′	5′
45	1.4142	1.4118	1.4093	1.4069	1.4044	1.4020	1.3996	1.3972	1.3949	1.3925	4	8	12	16	20
46	1.3902	1.3878	1.3855	1.3832	1.3809	1.3786	1.3763	1.3741	1.3718	1.3696	4	8	11	15	19
47	1.3673	1.3651	1.3629	1.3607	1.3585	1.3563	1.3542	1.3520	1.3499	1.3478	4	7	11	14	18
48	1.3456	1.3435	1.3414	1.3393	1.3373	1.3352	1.3331	1.3311	1.3291	1.3270	3	7	10	14	17
49	1.3250	1.3230	1.3210	1.3190	1.3171	1.3151	1.3131	1.3112	1.3093	1.3073	3	7	10	13	17
50	1.3054	1.3035	1.3016	1.2997	1.2978	1.2960	1.2941	1.2923	1.2904	1.2886	3	6	9	12	16
51	1.2868	1.2849	1.2831	1.2813	1.2796	1.2778	1.2760	1.2742	1.2725	1.2708	3	6	9	12	15
52	1.2690	1.2673	1.2656	1.2639	1.2622	1.2605	1.2588	1.2571	1.2554	1.2538	3	6	8	11	14
53	1.2521	1.2505	1.2489	1.2472	1.2456	1.2440	1.2424	1.2408	1.2392	1.2376	3	5	8	11	13
54	1.2361	1.2345	1.2329	1.2314	1.2299	1.2283	1.2268	1.2253	1.2238	1.2223	3	5	8	10	13
55	1.2208	1.2193	1.2178	1.2163	1.2149	1.2134	1.2120	1.2105	1.2091	1.2076	2	5	7	10	12
56	1.2062	1.2048	1.2034	1.2020	1.2006	1.1992	1.1978	1.1964	1.1951	1.1937	2	5	7	9	12
57	1.1924	1.1910	1.1897	1.1883	1.1870	1.1857	1.1844	1.1831	1.1818	1.1805	2	4	7	9	11
58	1.1792	1.1779	1.1766	1.1753	1.1741	1.1728	1.1716	1.1703	1.1691	1.1679	2	4	6	8	10
59	1.1666	1.1654	1.1642	1.1630	1.1618	1.1606	1.1594	1.1582	1.1570	1.1559	2	4	6	8	10
60	1.1547	1.1535	1.1524	1.1512	1.1501	1.1490	1.1478	1.1467	1.1456	1.1445	2	4	6	7	9
61	1.1434	1.1423	1.1412	1.1401	1.1390	1.1379	1.1368	1.1357	1.1347	1.1336	2	4	5	7	9
62	1.1326	1.1315	1.1305	1.1294	1.1284	1.1274	1.1264	1.1253	1.1243	1.1233	2	3	5	7	9
63	1.1223	1.1213	1.1203	1.1194	1.1184	1.1174	1.1164	1.1155	1.1145	1.1136	2	3	5	6	8
64	1.1126	1.1117	1.1107	1.1098	1.1089	1.1079	1.1070	1.1061	1.1052	1.1043	2	3	5	6	8
65	1.1034	1.1025	1.1016	1.1007	1.0998	1.0989	1.0981	1.0972	1.0963	1.0955	1	3	4	6	7
66	1.0946	1.0938	1.0929	1.0921	1.0913	1.0904	1.0896	1.0888	1.0880	1.0872	1	3	4	5	7
67	1.0864	1.0856	1.0848	1.0840	1.0832	1.0824	1.0816	1.0808	1.0801	1.0793	1	3	4	5	7
68	1.0785	1.0778	1.0770	1.0763	1.0755	1.0748	1.0740	1.0733	1.0726	1.0719	1	2	4	5	6
69	1.0711	1.0704	1.0697	1.0690	1.0683	1.0676	1.0669	1.0662	1.0655	1.0649	1	2	3	5	6
70	1.0642	1.0635	1.0628	1.0622	1.0615	1.0608	1.0602	1.0595	1.0589	1.0583	1	2	3	4	5
71	1.0576	1.0570	1.0564	1.0557	1.0551	1.0545	1.0539	1.0533	1.0527	1.0521	1	2	3	4	5
72	1.0515	1.0509	1.0503	1.0497	1.0491	1.0485	1.0480	1.0474	1.0468	1.0463	1	2	3	4	5
73	1.0457	1.0451	1.0446	1.0440	1.0435	1.0429	1.0424	1.0419	1.0413	1.0408	1	2	3	4	4
74	1.0403	1.0398	1.0393	1.0388	1.0382	1.0377	1.0372	1.0367	1.0363	1.0358	1	2	2	3	4
75	1.0353	1.0348	1.0343	1.0338	1.0334	1.0329	1.0324	1.0320	1.0315	1.0311	1	2	2	3	4
76	1.0306	1.0302	1.0297	1.0293	1.0288	1.0284	1.0280	1.0276	1.0271	1.0267	1	1	2	3	4
77	1.0263	1.0259	1.0255	1.0251	1.0247	1.0243	1.0239	1.0235	1.0231	1.0227	1	1	2	3	3
78	1.0223	1.0220	1.0216	1.0212	1.0209	1.0205	1.0201	1.0198	1.0194	1.0191	1	1	2	2	3
79	1.0187	1.0184	1.0180	1.0177	1.0174	1.0170	1.0167	1.0164	1.0161	1.0157	1	1	2	2	3
80	1.0154	1.0151	1.0148	1.0145	1.0142	1.0139	1.0136	1.0133	1.0130	1.0127	0	1	1	2	2
81	1.0125	1.0122	1.0119	1.0116	1.0114	1.0111	1.0108	1.0106	1.0103	1.0101	0	1	1	2	2
82	1.0098	1.0096	1.0093	1.0091	1.0089	1.0086	1.0084	1.0082	1.0079	1.0077	0	1	1	2	2
83	1.0075	1.0073	1.0071	1.0069	1.0067	1.0065	1.0063	1.0061	1.0059	1.0057	0	1	1	1	2
84	1.0055	1.0053	1.0051	1.0050	1.0048	1.0046	1.0045	1.0043	1.0041	1.0040	0	1	1	1	1
85	1.0038	1.0037	1.0035	1.0034	1.0032	1.0031	1.0030	1.0028	1.0027	1.0026	0	0	1	1	1
86	1.0024	1.0023	1.0022	1.0021	1.0020	1.0019	1.0018	1.0017	1.0016	1.0015	0	0	0	0	1
87	1.0014	1.0013	1.0012	1.0011	1.0010	1.0010	1.0009	1.0008	1.0007	1.0007					
88	1.0006	1.0006	1.0005	1.0004	1.0004	1.0003	1.0003	1.0003	1.0002	1.0002	Differences untrustworthy here				
89	1.0002	1.0001	1.0001	1.0001	1.0001	1.0000	1.0000	1.0000	1.0000	1.0000					

Quadrant	Angle	Cosec A	Examples
first	0°–90°	cosec A	cosec 34° 38′ = 1.7595
second	90°–180°	cosec(180° − A)	cosec 145° 22′ = cosec(180° − 145° 22′)
			= cosec 34° 38′ = 1.7595
third	180°–270°	−cosec(A − 180°)	cosec 214° 38′ = −cosec(214° 38′ − 180°)
			= −cosec 34° 38′ = −1.7595
fourth	270°–360°	−cosec(360° − A)	cosec 325° 22′ = −cosec(360° − 325° 22′)
			= −cosec 34° 38′ = −1.7595

Natural Cotangents

Numbers in difference columns to be *subtracted*, not added.

°	0' 0.0°	6' 0.1°	12' 0.2°	18' 0.3°	24' 0.4°	30' 0.5°	36' 0.6°	42' 0.7°	48' 0.8°	54' 0.9°	1'	2'	3'	4'	5'
0	∞	573.0	286.5	191.0	143.2	114.6	95.49	81.85	71.62	63.66					
1	57.29	52.08	47.74	44.07	40.92	38.19	35.80	33.69	31.82	30.14			Differences		
2	28.64	27.27	26.03	24.90	23.86	22.90	22.02	21.20	20.45	19.74			untrustworthy		
3	19.08	18.46	17.89	17.34	16.83	16.35	15.89	15.46	15.06	14.67			here		
4	14.30	13.95	13.62	13.30	13.00	12.71	12.43	12.16	11.91	11.66					
5	11.43	11.20	10.99	10.78	10.58	10.39	10.20	10.02	9.84	9.68					
6	9.514	9.357	9.205	9.058	8.915	8.777	8.643	8.513	8.386	8.264					
7	8.144	8.028	7.916	7.806	7.700	7.596	7.495	7.396	7.300	7.207					
8	7.115	7.026	6.940	6.855	6.772	6.691	6.612	6.535	6.460	6.386					
9	6.314	6.243	6.174	6.107	6.041	5.976	5.912	5.850	5.789	5.730	1'	2'	3'	4'	5'
10	5.6713	5.6140	5.5578	5.5026	5.4486	5.3955	5.3435	5.2924	5.2422	5.1929	87	175	263	350	438
11	5.1446	5.0970	5.0504	5.0045	4.9594	4.9152	4.8716	4.8288	4.7867	4.7453	73	146	220	293	366
12	4.7046	4.6646	4.6252	4.5864	4.5483	4.5107	4.4737	4.4373	4.4015	4.3662	62	124	186	248	310
13	4.3315	4.2972	4.2635	4.2303	4.1976	4.1653	4.1335	4.1022	4.0713	4.0408	53	107	160	214	267
14	4.0108	3.9812	3.9520	3.9232	3.8947	3.8667	3.8391	3.8118	3.7848	3.7583	46	93	139	186	232
15	3.7321	3.7062	3.6806	3.6554	3.6305	3.6059	3.5816	3.5576	3.5339	3.5105	41	81	122	163	203
16	3.4874	3.4646	3.4420	3.4197	3.3977	3.3759	3.3544	3.3332	3.3122	3.2914	36	72	108	144	180
17	3.2709	3.2506	3.2305	3.2106	3.1910	3.1716	3.1524	3.1334	3.1146	3.0961	32	64	97	129	161
18	3.0777	3.0595	3.0415	3.0237	3.0061	2.9887	2.9714	2.9544	2.9375	2.9208	29	58	87	116	144
19	2.9042	2.8878	2.8716	2.8556	2.8397	2.8239	2.8083	2.7929	2.7776	2.7625	26	52	78	104	130
20	2.7475	2.7326	2.7179	2.7034	2.6889	2.6746	2.6605	2.6464	2.6325	2.6187	24	47	71	95	119
21	2.6051	2.5916	2.5782	2.5649	2.5517	2.5386	2.5257	2.5129	2.5002	2.4876	22	43	65	87	108
22	2.4751	2.4627	2.4504	2.4383	2.4262	2.4142	2.4023	2.3906	2.3789	2.3673	20	40	60	79	99
23	2.3559	2.3445	2.3332	2.3220	2.3109	2.2998	2.2889	2.2781	2.2673	2.2566	18	37	55	73	91
24	2.2460	2.2355	2.2251	2.2148	2.2045	2.1943	2.1842	2.1742	2.1642	2.1543	17	34	51	68	85
25	2.1445	2.1348	2.1251	2.1155	2.1060	2.0965	2.0872	2.0778	2.0686	2.0594	16	31	47	63	78
26	2.0503	2.0413	2.0323	2.0233	2.0145	2.0057	1.9970	1.9883	1.9797	1.9711	15	29	44	58	73
27	1.9626	1.9542	1.9458	1.9375	1.9292	1.9210	1.9128	1.9047	1.8967	1.8887	14	27	41	55	68
28	1.8807	1.8728	1.8650	1.8572	1.8495	1.8418	1.8341	1.8265	1.8190	1.8115	13	26	38	51	64
29	1.8040	1.7966	1.7893	1.7820	1.7747	1.7675	1.7603	1.7532	1.7461	1.7391	12	24	36	48	60
30	1.7321	1.7251	1.7182	1.7113	1.7045	1.6977	1.6909	1.6842	1.6775	1.6709	11	23	34	45	56
31	1.6643	1.6577	1.6512	1.6447	1.6383	1.6319	1.6255	1.6191	1.6128	1.6066	11	21	32	43	53
32	1.6003	1.5941	1.5880	1.5818	1.5757	1.5697	1.5637	1.5577	1.5517	1.5458	10	20	30	40	50
33	1.5399	1.5340	1.5282	1.5224	1.5166	1.5108	1.5051	1.4994	1.4938	1.4882	10	19	29	38	48
34	1.4826	1.4770	1.4715	1.4659	1.4605	1.4550	1.4496	1.4442	1.4388	1.4335	9	18	27	36	45
35	1.4281	1.4229	1.4176	1.4124	1.4071	1.4019	1.3968	1.3916	1.3865	1.3814	9	17	26	34	43
36	1.3764	1.3713	1.3663	1.3613	1.3564	1.3514	1.3465	1.3416	1.3367	1.3319	8	16	25	33	41
37	1.3270	1.3222	1.3175	1.3127	1.3079	1.3032	1.2985	1.2938	1.2892	1.2846	8	16	24	31	39
38	1.2799	1.2753	1.2708	1.2662	1.2617	1.2572	1.2527	1.2482	1.2437	1.2393	8	15	23	30	38
39	1.2349	1.2305	1.2261	1.2218	1.2174	1.2131	1.2088	1.2045	1.2002	1.1960	7	14	22	29	36
40	1.1918	1.1875	1.1833	1.1792	1.1750	1.1708	1.1667	1.1626	1.1585	1.1544	7	14	21	28	34
41	1.1504	1.1463	1.1423	1.1383	1.1343	1.1303	1.1263	1.1224	1.1184	1.1145	7	13	20	27	33
42	1.1106	1.1067	1.1028	1.0990	1.0951	1.0913	1.0875	1.0837	1.0799	1.0761	6	13	19	25	32
43	1.0724	1.0686	1.0649	1.0612	1.0575	1.0538	1.0501	1.0464	1.0428	1.0392	6	12	18	25	31
44	1.0355	1.0319	1.0283	1.0247	1.0212	1.0176	1.0141	1.0105	1.0070	1.0035	6	12	18	24	30

$\cot 38°15' = \cot(38°12'+3') = 1.270\ 8{-}23$, the 23 is subtracted from the 7
$\cot 38°15' = 1.270\ 8{-}23 = 1.268\ 5$

$\cot A = \dfrac{1}{\tan A}$

$\dfrac{1}{\tan 57°28'} = \cot 57°28' = \cot(57°24'+4') = 0.639\ 5{-}16 = 0.637\ 9$

Natural Cotangents

Numbers in difference columns to be *subtracted*, not added.

°	0' 0.0°	6' 0.1°	12' 0.2°	18' 0.3°	24' 0.4°	30' 0.5°	36' 0.6°	42' 0.7°	48' 0.8°	54' 0.9°	1'	2'	3'	4'	5'
45	1.0000	0.9965	0.9930	0.9896	0.9861	0.9827	0.9793	0.9759	0.9725	0.9691	6	11	17	23	29
46	0.9657	0.9623	0.9590	0.9556	0.9523	0.9490	0.9457	0.9424	0.9391	0.9358	6	11	17	22	28
47	0.9325	0.9293	0.9260	0.9228	0.9195	0.9163	0.9131	0.9099	0.9067	0.9036	5	11	16	21	27
48	0.9004	0.8972	0.8941	0.8910	0.8878	0.8847	0.8816	0.8785	0.8754	0.8724	5	10	16	21	26
49	0.8693	0.8662	0.8632	0.8601	0.8571	0.8541	0.8511	0.8481	0.8451	0.8421	5	10	15	20	25
50	0.8391	0.8361	0.8332	0.8302	0.8273	0.8243	0.8214	0.8185	0.8156	0.8127	5	10	15	20	24
51	0.8098	0.8069	0.8040	0.8012	0.7983	0.7954	0.7926	0.7898	0.7869	0.7841	5	9	14	19	24
52	0.7813	0.7785	0.7757	0.7729	0.7701	0.7673	0.7646	0.7618	0.7590	0.7563	5	9	14	18	23
53	0.7536	0.7508	0.7481	0.7454	0.7427	0.7400	0.7373	0.7346	0.7319	0.7292	5	9	14	18	23
54	0.7265	0.7239	0.7212	0.7186	0.7159	0.7133	0.7107	0.7080	0.7054	0.7028	4	9	13	18	22
55	0.7002	0.6976	0.6950	0.6924	0.6899	0.6873	0.6847	0.6822	0.6796	0.6771	4	9	13	17	21
56	0.6745	0.6720	0.6694	0.6669	0.6644	0.6619	0.6594	0.6569	0.6544	0.6519	4	8	13	17	21
57	0.6494	0.6469	0.6445	0.6420	0.6395	0.6371	0.6346	0.6322	0.6297	0.6273	4	8	12	16	20
58	0.6249	0.6224	0.6200	0.6176	0.6152	0.6128	0.6104	0.6080	0.6056	0.6032	4	8	12	16	20
59	0.6009	0.5985	0.5961	0.5938	0.5914	0.5890	0.5867	0.5844	0.5820	0.5797	4	8	12	16	20
60	0.5774	0.5750	0.5727	0.5704	0.5681	0.5658	0.5635	0.5612	0.5589	0.5566	4	8	12	15	19
61	0.5543	0.5520	0.5498	0.5475	0.5452	0.5430	0.5407	0.5384	0.5362	0.5340	4	8	11	15	19
62	0.5317	0.5295	0.5272	0.5250	0.5228	0.5206	0.5184	0.5161	0.5139	0.5117	4	7	11	15	18
63	0.5095	0.5073	0.5051	0.5029	0.5008	0.4986	0.4964	0.4942	0.4921	0.4899	4	7	11	15	18
64	0.4877	0.4856	0.4834	0.4813	0.4791	0.4770	0.4748	0.4727	0.4706	0.4684	4	7	11	14	18
65	0.4663	0.4642	0.4621	0.4599	0.4578	0.4557	0.4536	0.4515	0.4494	0.4473	4	7	11	14	18
66	0.4452	0.4431	0.4411	0.4390	0.4369	0.4348	0.4327	0.4307	0.4286	0.4265	3	7	10	14	17
67	0.4245	0.4224	0.4204	0.4183	0.4163	0.4142	0.4122	0.4101	0.4081	0.4061	3	7	10	14	17
68	0.4040	0.4020	0.4000	0.3979	0.3959	0.3939	0.3919	0.3899	0.3879	0.3859	3	7	10	13	17
69	0.3839	0.3819	0.3799	0.3779	0.3759	0.3739	0.3719	0.3699	0.3679	0.3659	3	7	10	13	17
70	0.3640	0.3620	0.3600	0.3581	0.3561	0.3541	0.3522	0.3502	0.3482	0.3463	3	7	10	13	16
71	0.3443	0.3424	0.3404	0.3385	0.3365	0.3346	0.3327	0.3307	0.3288	0.3269	3	6	10	13	16
72	0.3249	0.3230	0.3211	0.3191	0.3172	0.3153	0.3134	0.3115	0.3096	0.3076	3	6	10	13	16
73	0.3057	0.3038	0.3019	0.3000	0.2981	0.2962	0.2943	0.2924	0.2905	0.2886	3	6	9	13	16
74	0.2867	0.2849	0.2830	0.2811	0.2792	0.2773	0.2754	0.2736	0.2717	0.2698	3	6	9	13	16
75	0.2679	0.2661	0.2642	0.2623	0.2605	0.2586	0.2568	0.2549	0.2530	0.2512	3	6	9	12	16
76	0.2493	0.2475	0.2456	0.2438	0.2419	0.2401	0.2382	0.2364	0.2345	0.2327	3	6	9	12	15
77	0.2309	0.2290	0.2272	0.2254	0.2235	0.2217	0.2199	0.2180	0.2162	0.2144	3	6	9	12	15
78	0.2126	0.2107	0.2089	0.2071	0.2053	0.2035	0.2016	0.1998	0.1980	0.1962	3	6	9	12	15
79	0.1944	0.1926	0.1908	0.1890	0.1871	0.1853	0.1835	0.1817	0.1799	0.1781	3	6	9	12	15
80	0.1763	0.1745	0.1727	0.1709	0.1691	0.1673	0.1655	0.1638	0.1620	0.1602	3	6	9	12	15
81	0.1584	0.1566	0.1548	0.1530	0.1512	0.1495	0.1477	0.1459	0.1441	0.1423	3	6	9	12	15
82	0.1405	0.1388	0.1370	0.1352	0.1334	0.1317	0.1299	0.1281	0.1263	0.1246	3	6	9	12	15
83	0.1228	0.1210	0.1192	0.1175	0.1157	0.1139	0.1122	0.1104	0.1086	0.1069	3	6	9	12	15
84	0.1051	0.1033	0.1016	0.0998	0.0981	0.0963	0.0945	0.0928	0.0910	0.0892	3	6	9	12	15
85	0.0875	0.0857	0.0840	0.0822	0.0805	0.0787	0.0769	0.0752	0.0734	0.0717	3	6	9	12	15
86	0.0699	0.0682	0.0664	0.0647	0.0629	0.0612	0.0594	0.0577	0.0559	0.0542	3	6	9	12	15
87	0.0524	0.0507	0.0489	0.0472	0.0454	0.0437	0.0419	0.0402	0.0384	0.0367	3	6	9	12	15
88	0.0349	0.0332	0.0314	0.0297	0.0279	0.0262	0.0244	0.0227	0.0209	0.0192	3	6	9	12	15
89	0.0175	0.0157	0.0140	0.0122	0.0105	0.0087	0.0070	0.0052	0.0035	0.0017	3	6	9	12	15

Quadrant	Angle	cot A	Examples
first	$0°-90°$	$\cot A$	$\cot 56°17' = 0.6673$
second	$90°-180°$	$-\cot(180°-A)$	$\cot 123°43' = -\cot(180°-123°43')$
third	$180°-270°$	$\cot(A-180°)$	$\qquad = -\cot 56°17' = -0.6673$
fourth	$270°-360°$	$-\tan(360°-A)$	$\cot 236°17' = \cot(236°17'-180°)$
			$\qquad = \cot 56°17' = 0.6673$
			$\cot 303°43' = -\cot(360°-303°43')$
			$\qquad = -\cot 56°17' = -0.6673$

Logarithms

	0	1	2	3	4	5	6	7	8	9	1	2	3	4	5	6	7	8	9
10	0000	0043	0086	0128	0170						4	8	13	17	21	25	30	34	38
						0212	0253	0294	0334	0374	4	8	12	16	20	24	28	32	36
11	0414	0453	0492	0531	0569						4	8	12	15	19	23	27	31	35
						0607	0645	0682	0719	0755	4	7	11	15	18	22	26	30	33
12	0792	0828	0864	0899	0934						4	7	11	14	18	21	25	28	32
						0969	1004	1038	1072	1106	3	7	10	14	17	20	24	27	31
13	1139	1173	1206	1239	1271						3	7	10	13	16	20	23	26	30
						1303	1335	1367	1399	1430	3	6	9	13	16	19	22	25	28
14	1461	1492	1523	1553	1584						3	6	9	12	15	18	21	24	27
						1614	1644	1673	1703	1732	3	6	9	12	15	18	21	24	27
15	1761	1790	1818	1847	1875						3	6	9	11	14	17	20	23	26
						1903	1931	1959	1987	2014	3	6	8	11	14	17	19	22	25
16	2041	2068	2095	2122	2148						3	5	8	11	13	16	19	21	24
						2175	2201	2227	2253	2279	3	5	8	10	13	16	18	21	23
17	2304	2330	2355	2380	2405						3	5	8	10	13	15	18	20	23
						2430	2455	2480	2504	2529	2	5	7	10	12	15	17	20	22
18	2553	2577	2601	2625	2648						2	5	7	10	12	14	17	19	21
						2672	2695	2718	2742	2765	2	5	7	9	12	14	16	19	21
19	2788	2810	2833	2856	2878						2	5	7	9	11	14	16	18	20
						2900	2923	2945	2967	2989	2	4	7	9	11	13	15	18	20
20	3010	3032	3054	3075	3096	3118	3139	3160	3181	3201	2	4	6	8	11	13	15	17	19
21	3222	3243	3263	3284	3304	3324	3345	3365	3385	3404	2	4	6	8	10	12	14	16	18
22	3424	3444	3464	3483	3502	3522	3541	3560	3579	3598	2	4	6	8	10	12	14	15	17
23	3617	3636	3655	3674	3692	3711	3729	3747	3766	3784	2	4	6	7	9	11	13	15	17
24	3802	3820	3838	3856	3874	3892	3909	3927	3945	3962	2	4	5	7	9	11	12	14	16
25	3979	3997	4014	4031	4048	4065	4082	4099	4116	4133	2	3	5	7	9	10	12	14	15
26	4150	4166	4183	4200	4216	4232	4249	4265	4281	4298	2	3	5	7	8	10	11	13	15
27	4314	4330	4346	4362	4378	4393	4409	4425	4440	4456	2	3	5	6	8	9	11	13	14
28	4472	4487	4502	4518	4533	4548	4564	4579	4594	4609	2	3	5	6	8	9	11	12	14
29	4624	4639	4654	4669	4683	4698	4713	4728	4742	4757	1	3	4	6	7	9	10	12	13
30	4771	4786	4800	4814	4829	4843	4857	4871	4886	4900	1	3	4	6	7	9	10	11	13
31	4914	4928	4942	4955	4969	4983	4997	5011	5024	5038	1	3	4	6	7	8	10	11	12
32	5051	5065	5079	5092	5105	5119	5132	5145	5159	5172	1	3	4	5	7	8	9	11	12
33	5185	5198	5211	5224	5237	5250	5263	5276	5289	5302	1	3	4	5	6	8	9	10	12
34	5315	5328	5340	5353	5366	5378	5391	5403	5416	5428	1	3	4	5	6	8	9	10	11
35	5441	5453	5465	5478	5490	5502	5514	5527	5539	5551	1	2	4	5	6	7	9	10	11
36	5563	5575	5587	5599	5611	5623	5635	5647	5658	5670	1	2	4	5	6	7	8	10	11
37	5682	5694	5705	5717	5729	5740	5752	5763	5775	5786	1	2	3	5	6	7	8	9	10
38	5798	5809	5821	5832	5843	5855	5866	5877	5888	5899	1	2	3	5	6	7	8	9	10
39	5911	5922	5933	5944	5955	5966	5977	5988	5999	6010	1	2	3	4	5	7	8	9	10
40	6021	6031	6042	6053	6064	6075	6085	6096	6107	6117	1	2	3	4	5	6	8	9	10
41	6128	6138	6149	6160	6170	6180	6191	6201	6212	6222	1	2	3	4	5	6	7	8	9
42	6232	6243	6253	6263	6274	6284	6294	6304	6314	6325	1	2	3	4	5	6	7	8	9
43	6335	6345	6355	6365	6375	6385	6395	6405	6415	6425	1	2	3	4	5	6	7	8	9
44	6435	6444	6454	6464	6474	6484	6493	6503	6513	6522	1	2	3	4	5	6	7	8	9
45	6532	6542	6551	6561	6571	6580	6590	6599	6609	6618	1	2	3	4	5	6	7	8	9
46	6628	6637	6646	6656	6665	6675	6684	6693	6702	6712	1	2	3	4	5	6	7	7	8
47	6721	6730	6739	6749	6758	6767	6776	6785	6794	6803	1	2	3	4	5	5	6	7	8
48	6812	6821	6830	6839	6848	6857	6866	6875	6884	6893	1	2	3	4	4	5	6	7	8
49	6902	6911	6920	6928	6937	6946	6955	6964	6972	6981	1	2	3	4	4	5	6	7	8

$\log 6.147 = 0.788\ 2 + 5$, the 5 is added to the 2.

$\log 6.147 = 0.788\ 2 + 5 = 0.788\ 7$

$\log 1.787 = 0.250\ 4 + 17 = 0.252\ 1$

Logarithms

	0	1	2	3	4	5	6	7	8	9	1	2	3	4	5	6	7	8	9
50	6990	6998	7007	7016	7024	7033	7042	7050	7059	7067	1	2	3	3	4	5	6	7	8
51	7076	7084	7093	7101	7110	7118	7126	7135	7143	7152	1	2	3	3	4	5	6	7	8
52	7160	7168	7177	7185	7193	7202	7210	7218	7226	7235	1	2	2	3	4	5	6	7	7
53	7243	7251	7259	7267	7275	7284	7292	7300	7308	7316	1	2	2	3	4	5	6	6	7
54	7324	7332	7340	7348	7356	7364	7372	7380	7388	7396	1	2	2	3	4	5	6	6	7
55	7404	7412	7419	7427	7435	7443	7451	7459	7466	7474	1	2	2	3	4	5	5	6	7
56	7482	7490	7497	7505	7513	7520	7528	7536	7543	7551	1	2	2	3	4	5	5	6	7
57	7559	7566	7574	7582	7589	7597	7604	7612	7619	7627	1	2	2	3	4	5	5	6	7
58	7634	7642	7649	7657	7664	7672	7679	7686	7694	7701	1	1	2	3	4	4	5	6	7
59	7709	7716	7723	7731	7738	7745	7752	7760	7767	7774	1	1	2	3	4	4	5	6	7
60	7782	7789	7796	7803	7810	7818	7825	7832	7839	7846	1	1	2	3	4	4	5	6	6
61	7853	7860	7868	7875	7882	7889	7896	7903	7910	7917	1	1	2	3	4	4	5	6	6
62	7924	7931	7938	7945	7952	7959	7966	7973	7980	7987	1	1	2	3	3	4	5	6	6
63	7993	8000	8007	8014	8021	8028	8035	8041	8048	8055	1	1	2	3	3	4	5	5	6
64	8062	8069	8075	8082	8089	8096	8102	8109	8116	8122	1	1	2	3	3	4	5	5	6
65	8129	8136	8142	8149	8156	8162	8169	8176	8182	8189	1	1	2	3	3	4	5	5	6
66	8195	8202	8209	8215	8222	8228	8235	8241	8248	8254	1	1	2	3	3	4	5	5	6
67	8261	8267	8274	8280	8287	8293	8299	8306	8312	8319	1	1	2	3	3	4	5	5	6
68	8325	8331	8338	8344	8351	8357	8363	8370	8376	8382	1	1	2	3	3	4	4	5	6
69	8388	8395	8401	8407	8414	8420	8426	8432	8439	8445	1	1	2	2	3	4	4	5	6
70	8451	8457	8463	8470	8476	8482	8488	8494	8500	8506	1	1	2	2	3	4	4	5	6
71	8513	8519	8525	8531	8537	8543	8549	8555	8561	8567	1	1	2	2	3	4	4	5	5
72	8573	8579	8585	8591	8597	8603	8609	8615	8621	8627	1	1	2	2	3	4	4	5	5
73	8633	8639	8645	8651	8657	8663	8669	8675	8681	8686	1	1	2	2	3	4	4	5	5
74	8692	8698	8704	8710	8716	8722	8727	8733	8739	8745	1	1	2	2	3	3	4	5	5
75	8751	8756	8762	8768	8774	8779	8785	8791	8797	8802	1	1	2	2	3	3	4	5	5
76	8808	8814	8820	8825	8831	8837	8842	8848	8854	8859	1	1	2	2	3	3	4	5	5
77	8865	8871	8876	8882	8887	8893	8899	8904	8910	8915	1	1	2	2	3	3	4	4	5
78	8921	8927	8932	8938	8943	8949	8954	8960	8965	8971	1	1	2	2	3	3	4	4	5
79	8976	8982	8987	8993	8998	9004	9009	9015	9020	9025	1	1	2	2	3	3	4	4	5
80	9031	9036	9042	9047	9053	9058	9063	9069	9074	9079	1	1	2	2	3	3	4	4	5
81	9085	9090	9096	9101	9106	9112	9117	9122	9128	9133	1	1	2	2	3	3	4	4	5
82	9138	9143	9149	9154	9159	9165	9170	9175	9180	9186	1	1	2	2	3	3	4	4	5
83	9191	9196	9201	9206	9212	9217	9222	9227	9232	9238	1	1	2	2	3	3	4	4	5
84	9243	9248	9253	9258	9263	9269	9274	9279	9284	9289	1	1	2	2	3	3	4	4	5
85	9294	9299	9304	9309	9315	9320	9325	9330	9335	9340	1	1	2	2	3	3	4	4	5
86	9345	9350	9355	9360	9365	9370	9375	9380	9385	9390	1	1	2	2	3	3	4	4	5
87	9395	9400	9405	9410	9415	9420	9425	9430	9435	9440	0	1	1	2	2	3	3	4	4
88	9445	9450	9455	9460	9465	9469	9474	9479	9484	9489	0	1	1	2	2	3	3	4	4
89	9494	9499	9504	9509	9513	9518	9523	9528	9533	9538	0	1	1	2	2	3	3	4	4
90	9542	9547	9552	9557	9562	9566	9571	9576	9581	9586	0	1	1	2	2	3	3	4	4
91	9590	9595	9600	9605	9609	9614	9619	9624	9628	9633	0	1	1	2	2	3	3	4	4
92	9638	9643	9647	9652	9657	9661	9666	9671	9675	9680	0	1	1	2	2	3	3	4	4
93	9685	9689	9694	9699	9703	9708	9713	9717	9722	9727	0	1	1	2	2	3	3	4	4
94	9731	9736	9741	9745	9750	9754	9759	9763	9768	9773	0	1	1	2	2	3	3	4	4
95	9777	9782	9786	9791	9795	9800	9805	9809	9814	9818	0	1	1	2	2	3	3	4	4
96	9823	9827	9832	9836	9841	9845	9850	9854	9859	9863	0	1	1	2	2	3	3	4	4
97	9868	9872	9877	9881	9886	9890	9894	9899	9903	9908	0	1	1	2	2	3	3	4	4
98	9912	9917	9921	9926	9930	9934	9939	9943	9948	9952	0	1	1	2	2	3	3	4	4
99	9956	9961	9965	9969	9974	9978	9983	9987	9991	9996	0	1	1	2	2	3	3	3	4

To find the logarithm of a number the number must first be written as a number between 1.000 0 and 9.999

$\log 76.84 = \log 7.684 \times 10 = \log 7.684 + \log 10 = 0.885\,6 + 1 = 1.885\,6$

$\log 0.087\,51 = \log 8.751 \div 100 = \log 8.751 - \log 100 = 0.942\,0 - 2.0 = \bar{2}.942\,0$

The $\bar{2}$ means the 2 is negative but the 0.942 0 is positive.

Antilogarithms

	0	1	2	3	4	5	6	7	8	9	1	2	3	4	5	6	7	8	9
0.00	1000	1002	1005	1007	1009	1012	1014	1016	1019	1021	0	0	1	1	1	1	2	2	2
0.01	1023	1026	1028	1030	1033	1035	1038	1040	1042	1045	0	0	1	1	1	1	2	2	2
0.02	1047	1050	1052	1054	1057	1059	1062	1064	1067	1069	0	0	1	1	1	1	2	2	2
0.03	1072	1074	1076	1079	1081	1084	1086	1089	1091	1094	0	0	1	1	1	1	2	2	2
0.04	1096	1099	1102	1104	1107	1109	1112	1114	1117	1119	0	1	1	1	1	2	2	2	2
0.05	1122	1125	1127	1130	1132	1135	1138	1140	1143	1146	0	1	1	1	1	2	2	2	2
0.06	1148	1151	1153	1156	1159	1161	1164	1167	1169	1172	0	1	1	1	1	2	2	2	2
0.07	1175	1178	1180	1183	1186	1189	1191	1194	1197	1199	0	1	1	1	1	2	2	2	2
0.08	1202	1205	1208	1211	1213	1216	1219	1222	1225	1227	0	1	1	1	1	2	2	2	3
0.09	1230	1233	1236	1239	1242	1245	1247	1250	1253	1256	0	1	1	1	1	2	2	2	3
0.10	1259	1262	1265	1268	1271	1274	1276	1279	1282	1285	0	1	1	1	1	2	2	2	3
0.11	1288	1291	1294	1297	1300	1303	1306	1309	1312	1315	0	1	1	1	2	2	2	2	3
0.12	1318	1321	1324	1327	1330	1334	1337	1340	1343	1346	0	1	1	1	2	2	2	2	3
0.13	1349	1352	1355	1358	1361	1365	1368	1371	1374	1377	0	1	1	1	2	2	2	3	3
0.14	1380	1384	1387	1390	1393	1396	1400	1403	1406	1409	0	1	1	1	2	2	2	3	3
0.15	1413	1416	1419	1422	1426	1429	1432	1435	1439	1442	0	1	1	1	2	2	2	3	3
0.16	1445	1449	1452	1455	1459	1462	1466	1469	1472	1476	0	1	1	1	2	2	2	3	3
0.17	1479	1483	1486	1489	1493	1496	1500	1503	1507	1510	0	1	1	1	2	2	2	3	3
0.18	1514	1517	1521	1524	1528	1531	1535	1538	1542	1545	0	1	1	1	2	2	2	3	3
0.19	1549	1552	1556	1560	1563	1567	1570	1574	1578	1581	0	1	1	1	2	2	3	3	3
0.20	1585	1589	1592	1596	1600	1603	1607	1611	1614	1618	0	1	1	1	2	2	3	3	3
0.21	1622	1626	1629	1633	1637	1641	1644	1648	1652	1656	0	1	1	2	2	2	3	3	3
0.22	1660	1663	1667	1671	1675	1679	1683	1687	1690	1694	0	1	1	2	2	2	3	3	3
0.23	1698	1702	1706	1710	1714	1718	1722	1726	1730	1734	0	1	1	2	2	2	3	3	4
0.24	1738	1742	1746	1750	1754	1758	1762	1766	1770	1774	0	1	1	2	2	2	3	3	4
0.25	1778	1782	1786	1791	1795	1799	1803	1807	1811	1816	0	1	1	2	2	2	3	3	4
0.26	1820	1824	1828	1832	1837	1841	1845	1849	1854	1858	0	1	1	2	2	3	3	3	4
0.27	1862	1866	1871	1875	1879	1884	1888	1892	1897	1901	0	1	1	2	2	3	3	3	4
0.28	1905	1910	1914	1919	1923	1928	1932	1936	1941	1945	0	1	1	2	2	3	3	4	4
0.29	1950	1954	1959	1963	1968	1972	1977	1982	1986	1991	0	1	1	2	2	3	3	4	4
0.30	1995	2000	2004	2009	2014	2018	2023	2028	2032	2037	0	1	1	2	2	3	3	4	4
0.31	2042	2046	2051	2056	2061	2065	2070	2075	2080	2084	0	1	1	2	2	3	3	4	4
0.32	2089	2094	2099	2104	2109	2113	2118	2123	2128	2133	0	1	1	2	2	3	3	4	4
0.33	2138	2143	2148	2153	2158	2163	2168	2173	2178	2183	0	1	1	2	2	3	3	4	4
0.34	2188	2193	2198	2203	2208	2213	2218	2223	2228	2234	1	1	2	2	3	3	4	4	5
0.35	2239	2244	2249	2254	2259	2265	2270	2275	2280	2286	1	1	2	2	3	3	4	4	5
0.36	2291	2296	2301	2307	2312	2317	2323	2328	2333	2339	1	1	2	2	3	3	4	4	5
0.37	2344	2350	2355	2360	2366	2371	2377	2382	2388	2393	1	1	2	2	3	3	4	4	5
0.38	2399	2404	2410	2415	2421	2427	2432	2438	2443	2449	1	1	2	2	3	3	4	4	5
0.39	2455	2460	2466	2472	2477	2483	2489	2495	2500	2506	1	1	2	2	3	3	4	5	5
0.40	2512	2518	2523	2529	2535	2541	2547	2553	2559	2564	1	1	2	2	3	4	4	5	5
0.41	2570	2576	2582	2588	2594	2600	2606	2612	2618	2624	1	1	2	3	3	4	4	5	5
0.42	2630	2636	2642	2649	2655	2661	2667	2673	2679	2685	1	1	2	2	3	4	4	5	6
0.43	2692	2698	2704	2710	2716	2723	2729	2735	2742	2748	1	1	2	3	3	4	4	5	6
0.44	2754	2761	2767	2773	2780	2786	2793	2799	2805	2812	1	1	2	3	3	4	4	5	6
0.45	2818	2825	2831	2838	2844	2851	2858	2864	2871	2877	1	1	2	3	3	4	5	5	6
0.46	2884	2891	2897	2904	2911	2917	2924	2931	2938	2944	1	1	2	3	3	4	5	5	6
0.47	2951	2958	2965	2972	2979	2985	2992	2999	3006	3013	1	1	2	3	3	4	5	5	6
0.48	3020	3027	3034	3041	3048	3055	3062	3069	3076	3083	1	1	2	3	4	4	5	6	6
0.49	3090	3097	3105	3112	3119	3126	3133	3141	3148	3155	1	1	2	3	4	4	5	6	6

To find the antilogarithm the part to the *right* of the decimal point in the logarithm is used. This part of the logarithm gives a number from the tabl with one figure before the decimal point.

The digits before the decimal point in the logarithm give the number of places the decimal point must be moved in the antilogarithm. Positive number gives movement to the right, negative or bar numbers gives movement to the left.

Antilogarithms

	0	1	2	3	4	5	6	7	8	9	1	2	3	4	5	6	7	8	9
0.50	3162	3170	3177	3184	3192	3199	3206	3214	3221	3228	1	1	2	3	4	4	5	6	7
0.51	3236	3243	3251	3258	3266	3273	3281	3289	3296	3304	1	2	2	3	4	5	5	6	7
0.52	3311	3319	3327	3334	3342	3350	3357	3365	3373	3381	1	2	2	3	4	5	5	6	7
0.53	3388	3396	3404	3412	3420	3428	3436	3443	3451	3459	1	2	2	3	4	5	6	6	7
0.54	3467	3475	3483	3491	3499	3508	3516	3524	3532	3540	1	2	2	3	4	5	6	6	7
0.55	3548	3556	3565	3573	3581	3589	3597	3606	3614	3622	1	2	2	3	4	5	6	7	7
0.56	3631	3639	3648	3656	3664	3673	3681	3690	3698	3707	1	2	3	3	4	5	6	7	8
0.57	3715	3724	3733	3741	3750	3758	3767	3776	3784	3793	1	2	3	3	4	5	6	7	8
0.58	3802	3811	3819	3828	3837	3846	3855	3864	3873	3882	1	2	3	4	4	5	6	7	8
0.59	3890	3899	3908	3917	3926	3936	3945	3954	3963	3972	1	2	3	4	5	5	6	7	8
0.60	3981	3990	3999	4009	4018	4027	4036	4046	4055	4064	1	2	3	4	5	6	6	7	8
0.61	4074	4083	4093	4102	4111	4121	4130	4140	4150	4159	1	2	3	4	5	6	7	8	9
0.62	4169	4178	4188	4198	4207	4217	4227	4236	4246	4256	1	2	3	4	5	6	7	8	9
0.63	4266	4276	4285	4295	4305	4315	4325	4335	4345	4355	1	2	3	4	5	6	7	8	9
0.64	4365	4375	4385	4395	4406	4416	4426	4436	4446	4457	1	2	3	4	5	6	7	8	9
0.65	4467	4477	4487	4498	4508	4519	4529	4539	4550	4560	1	2	3	4	5	6	7	8	9
0.66	4571	4581	4592	4603	4613	4624	4634	4645	4656	4667	1	2	3	4	5	6	7	9	10
0.67	4677	4688	4699	4710	4721	4732	4742	4753	4764	4775	1	2	3	4	5	7	8	9	10
0.68	4786	4797	4808	4819	4831	4842	4853	4864	4875	4887	1	2	3	4	6	7	8	9	10
0.69	4898	4909	4920	4932	4943	4955	4966	4977	4989	5000	1	2	3	5	6	7	8	9	10
0.70	5012	5023	5035	5047	5058	5070	5082	5093	5105	5117	1	2	4	5	6	7	8	9	11
0.71	5129	5140	5152	5164	5176	5188	5200	5212	5224	5236	1	2	4	5	6	7	8	10	11
0.72	5248	5260	5272	5284	5297	5309	5321	5333	5346	5358	1	2	4	5	6	7	9	10	11
0.73	5370	5383	5395	5408	5420	5433	5445	5458	5470	5483	1	3	4	5	6	8	9	10	11
0.74	5495	5508	5521	5534	5546	5559	5572	5585	5598	5610	1	3	4	5	6	8	9	10	12
0.75	5623	5636	5649	5662	5675	5689	5702	5715	5728	5741	1	3	4	5	7	8	9	10	12
0.76	5754	5768	5781	5794	5808	5821	5834	5848	5861	5875	1	3	4	5	7	8	9	11	12
0.77	5888	5902	5916	5929	5943	5957	5970	5984	5998	6012	1	3	4	5	7	8	10	11	12
0.78	6026	6039	6053	6067	6081	6095	6109	6124	6138	6152	1	3	4	6	7	8	10	11	13
0.79	6166	6180	6194	6209	6223	6237	6252	6266	6281	6295	1	3	4	6	7	9	10	11	13
0.80	6310	6324	6339	6353	6368	6383	6397	6412	6427	6442	1	3	4	6	7	9	10	12	13
0.81	6457	6471	6486	6501	6516	6531	6546	6561	6577	6592	2	3	5	6	8	9	11	12	14
0.82	6607	6622	6637	6653	6668	6683	6699	6714	6730	6745	2	3	5	6	8	9	11	12	14
0.83	6761	6776	6792	6808	6823	6839	6855	6871	6887	6902	2	3	5	6	8	9	11	13	14
0.84	6918	6934	6950	6966	6982	6998	7015	7031	7047	7063	2	3	5	6	8	10	11	13	15
0.85	7079	7096	7112	7129	7145	7161	7178	7194	7211	7228	2	3	5	7	8	10	12	13	15
0.86	7244	7261	7278	7295	7311	7328	7345	7362	7379	7396	2	3	5	7	8	10	12	13	15
0.87	7413	7430	7447	7464	7482	7499	7516	7534	7551	7568	2	3	5	7	9	10	12	14	16
0.88	7586	7603	7621	7638	7656	7674	7691	7709	7727	7745	2	4	5	7	9	11	12	14	16
0.89	7762	7780	7798	7816	7834	7852	7870	7889	7907	7925	2	4	5	7	9	11	13	14	16
0.90	7943	7962	7980	7998	8017	8035	8054	8072	8091	8110	2	4	6	7	9	11	13	15	17
0.91	8128	8147	8166	8185	8204	8222	8241	8260	8279	8299	2	4	6	8	9	11	13	15	17
0.92	8318	8337	8356	8375	8395	8414	8433	8453	8472	8492	2	4	6	8	10	12	14	15	17
0.93	8511	8531	8551	8570	8590	8610	8630	8650	8670	8690	2	4	6	8	10	12	14	16	18
0.94	8710	8730	8750	8770	8790	8810	8831	8851	8872	8892	2	4	6	8	10	12	14	16	18
0.95	8913	8933	8954	8974	8995	9016	9036	9057	9078	9099	2	4	6	8	10	12	15	17	19
0.96	9120	9141	9162	9183	9204	9226	9247	9268	9290	9311	2	4	6	8	11	13	15	17	19
0.97	9333	9354	9376	9397	9419	9441	9462	9484	9506	9528	2	4	7	9	11	13	15	17	20
0.98	9550	9572	9594	9616	9638	9661	9683	9705	9727	9750	2	4	7	9	11	13	16	18	20
0.99	9772	9795	9817	9840	9863	9886	9908	9931	9954	9977	2	5	7	9	11	14	16	18	20

The antilogarithm of 0.645 9 is 4.425 but the antilogarithm of 5.645 9 is 42 500.

The antilogarithm of 0.482 2 is 3.035 but the antilogarithm of $\overline{3}.482\,2$ is .003 035.

Index

abbreviations, Mathematical signs and, 21
    units, 83
Addition and subtraction table, 2
    decimals, 10
    fractions, 12
    whole numbers, 3
Angle slip gauges, 48
Angular measurement, 36
Antilogarithms, 23, 123
    table of, 148
Application of chords theorem, 38
    Pythagoras' theorem, 38
Areas, circles, 45
    plane figures, 32
    volumes and surface, 33
arithmetic, Basic rules of, 1

Basic rules of arithmetic, 1

calculations, Dividing head, 67
    indexing, 67
    Sine bar, 47
    Slip gauge, 47
    taper, 50
    taper turning, 54
Calculator check, 19
checking, Taper, 55
checks, Calculator, 19
    Rough, 18
chords, Lengths of, 44
Chords theorem, 38
circles, Areas of, 45
circular bars, Machining of, 42
Conversion factors, 70
    table, 30
    Hardness, 122
Co-ordinate dimensioning, 41
cosecants, Table of natural, 142
cosines, Table of natural, 136
cotangents, Table of natural, 144
Cube roots, 123
cutters, Milling, 84

Decimals, addition, 10
    division, 11
    multiplication, 11
    Rounding off, 17
    subtraction, 10
    to fractions, 16
Density, 121
depreciation, Simple interest and, 27
dimensioning, Co-ordinate, 41
Dividing head, indexing calculations, 67

Division, decimals, 11
    fractions, 14
    table, Multiplication and, 6
    whole numbers, 8
drill sizes, Twist, 95
drilling, plastics, 120
    Spindle speeds for, 57
    Turning and, 64

factors, Conversion, 70
fits I.S.O., Limits and, 79
    Tolerances, limits and, 82
flats on circular bars, Machining, 4
formulae, Transposition of, 20
Fractions, addition, 12
    division, 14
    multiplication, 14
    subtraction, 13
    to decimals, 16
    Whole numbers and, 15

gauge, Imperial standard wire, 108
gauges, Slip, 46
Greek Alphabet, 5
grinding, Spindle speeds for, 57

Hardness conversion table, 122

Imperial standard wire gauge, 108

lathe work, Spindle speeds for, 57
Laws of logarithms, 23
Lengths of chords, 44
Limits and fits, I.S.O., 79
    Tolerances, 82
Logarithms, 22
    Laws of, 23
    Tables of, 146

Machines, 75
    cutting speeds, 77
    formulae, 75
    power used, 77
Machining, flats on circular bars,
    tolerances, 78
Materials, properties of, 109
Mathematical signs and abbreviations, 21
measurement, Angular, 36
Metal removal rate, 61
Milling, 59
    cutters, 84
    Spindle speeds for, 57
Multiples and submultiples, 5
    of π, 43
Multiplication, decimals, 11
    fractions, 14

Multiplication (*contd.*)
   whole numbers, 7
   and division table, 6

Natural cosecants, tables of, 142
   cosines, tables of, 136
   cotangents, tables of, 144
   sines, tables of, 134
   secants, tables of, 140
   tangents, tables of, 138

Percentages, 26
π, Multiples of, 43
plane figures, Areas of, 32
planing, Shaping and, 65
plastics, Drilling of, 120
   Turning of, 119
problem, Setting-out, 42
   worshop, 40
Properties of materials, 109
proportions, Ratios and, 24
Pythagoras' theorem, Application of, 38

Radians, 31
Ratios and proportions, 24
reciprocals, Table of, 130
removal rate, Metal, 61
roots, Cube, 123
Rough checks, 18
Rounding off, decimals, 17
   whole numbers, 9

Salaries and wages, 29
Screw Threads, 88
secants, Table of natural, 140
Setting-out problem, 42
Shaping and planing, 65
signs and abbreviations, Mathematical, 21
Simple interest and depreciation, 27
Sine bar calculations, 47
sines, Table of natural, 134
sizes, Twist drill, 95
Slip gauges, 46
Slip gauges, angle, 48
Slip gauge calculations, 47
Spindle speeds, drilling, 57
   grinding, 57
   lathe work, 57
   milling, 57

Standard symbols and units, 68
   wire gauge, Imperial, 108
Squares, Table of, 124
submultiples, Multiples and, 5
Subtraction, decimals, 10
   fractions, 13
   table, 2
   whole numbers, 4

tangents, Table of natural, 138
table, Conversion, 30
   Hardness, 122
   of antilogarithms, 148
   natural cosecants, 142
   natural cosines, 136
   natural cotangents, 144
   natural secants, 140
   natural sines, 134
   reciprocals, 130
   Squares, 124
   Square Roots, 126
Taper calculations, 50
   checking, 55
   turning calculations, 54
Tapers, 106
theorem, Chords, 38
   Pythagoras', 38
threads, Screw, 88
Tolerances, limits and fits, 82
   Machining, 78
Tansposition of formulae, 20
Tirgonometry, 34
Turning and drilling, 64
   calculations, Taper, 54
   plastics, 119
Twist drill sizes, 95

units, Abbreviations for, 83
   for physical quantities, Standard symbols for, 68
   Standard symbols, 68

volumes and surface, Areas, 33

wages, Salaries and, 29
Whole numbers, addition, 3
   and fractions, 15
   division, 8
   multiplication, 7
   rounding off, 9
   subtraction, 4
wire gauge, Imperial standard, 108
Workshop problem, 40

Conversion table

1 centimetre	= 0.393 7 inches	1 square in	= 6.451 6 square cm
1 metre	= 1.093 6 yards	1 square yard	= 0.836 square m
1 kilometre	= 0.621 miles	1 litre	= 1.76 pints
1 inch	= 2.54 centimetres	1 gallon	= 0.160 4 cubic ft
1 yard	= 0.914 4 metres	1 gallon	= 4.546 litres
1 mile	= 1.609 3 kilometres	1 kilogramme	= 2.204 6 pounds
1 square cm	= 0.155 square in	1 pound	= 453.6 grammes
1 square m	= 10.764 square ft	1 hundredweight	= 50.80 kilogrammes

Everyday units

Quantity	Unit	Symbol
Length	millimetre (one thousandth of a metre)	mm
	centimetre (one hundreth of a metre)	cm
	metre	m
	kilometre (one thousand metres)	km
	international nautical mile (1852 metres)	n mile
Area	square centimetre	cm^2
	square metre	m^2
	hectare (ten thousand square metres)	ha
Volume	cubic centimetre	cm^3
	cubic metre	m^3
	millilitre (one thousandth of a litre)	ml
	litre	l
	hectolitre (one hundred litres)	hl
Mass	gramme (one thousandth of a kilogramme)	g
	kilogramme	kg
	tonne (one thousand kilogrammes)	t
Time	second	s
	minute	min
	hour	h
Speed	metre per second	m/s
	kilometre per hour	km/h
	knot (international nautical mile per hour)	kn
Power	watt	W
	kilowatt (one thousand watts)	kW
Energy	kilowatt hour	kWh
Electrical potential difference	volt	V
Electric current resistance	ampere	A
	ohm	Ω
Electric current frequency	hertz	Hz
Temperature	degree Celsius	°C